KB271700
SNOWFOX

지은이

정용

고려대학교에서 사회학을 공부했다. 스타트업이라는 단어가 생소했던 시절, 그 세계로 뛰어들어 4년을 버텼다. 덕분에 앞자리 나이가 '3'으로 바뀌고 나서야 겨우 학사모를 썼다. 초밥이 좋아 일식 조리사 자격증을 땄고, 지워지지 않는 그림에 매료돼 타투를 배웠다. 매번 새로운 여행을 통해 멋진 주말보다 더 멋진 평일을 위한 일상을 살자고 다짐한다. 지금은 Coca-Cola에서 마케팅을 하고 있다.

지나가다 우연히 빌린 자전거로 여행 내내 쿠바 골목골목을 누볐고 서툰 스페인어로 쿠바 노들과 이야기를 나눴다. 그때, 다른 곳에서 좀처럼 경험하지 못했던 순간들이 파도쳤다. 이 책을 쓰기로 한 데 어떤 외적인 계기가 있다면 아마 그때의 파도일 것이다.

email : audio.jyhuh@gmail.com

Coca-Cola Cuba;

정용지음

SNOWFOX

이편과 저편이 달랐다.
시대가 변해도 냉전의 간극은 좁혀지지 않았지만
모두가 코카콜라를 마셨다.

Coca-Cola

Cuba;

모든 것이 낯선 쿠바는
상상 이상으로 우리와 닮아 있었다.

영화 「부에나 비스타 소셜 클럽」을 본 적이 있다. 영화를 보고 자괴감에 빠졌다. 내가 좋아하는 사람들부터, 어째 '힙(hip) 하다'는 모든 이가 극찬한 그 영화가 지루했다. 30분을 버티지 못하고 꺼버린, 얄팍한 내 취향이 창피했다. 그럼에도 굳이, 나는 이번 기나긴 휴가의 목적지로 쿠바를 선택했다. 이유는 간단하다. 나와는 다른 환경, 다른 모습의 사람들, 내가 경험할 수 있는 가장 낯선 곳이 쿠바였기에. 이방인으로서의 온전한 휴식을 위한 선택이었다.

지쳐있었다. 매일 아침은 주어진 일을 처리하느라 숨찼고 저녁에는 오늘과 같을 내일을 두려워했다. 매해 예방접종하듯 자본주의용 백신을 맞아왔다. 감정을 감추는 법을 배웠고, 적당히 염세적으로 나이를 먹었다. 그리고 뭐 이리 아등바등 힘겹게 사는지…. 자기 의지와는 상관없이 비실거리는, 도시 좀비 대열에 합류했다. 면역력이 약해진 걸까. 더 늦기 전에 멀리 떠나고 싶었다.

인천을 떠나 모스크바를 거쳐 쿠바에 도착했다. 그리고 뉴욕과 상해를 들러 다시 한국에 돌아왔다. 어쩌다보니 20세기 냉전 코스를 쭉 돌게 됐는데, 나라마다 분위기가 달랐다. 자본주의 최후방 쿠바에서 자본주의 최전방 뉴욕에 도착했을 때의 그 어지러움이 잊혀지지 않는다. 두 문명의 극심한 대비가 주는 멀미는 낯설고 강렬했다. 뉴욕 JFK 공항에 도착해서 코카콜라 한 캔을 땄다. '딸각' 소리와 함께 쿠바에서 코카콜라 노트를 받고 나에게 세상에서 가장 밝은 미소 보여준 어린 아이가 떠올랐다. 그 미소 앞에

☆

서는 이념도, 대립도, 갈등도 모두 무의미해졌다. 이편과 저편이 달랐다. 시대가 변해도 냉전의 간극은 좁혀지지 않았지만 모두가 코카콜라를 마셨다. 나는 JFK 공항에서 코카콜라를 통해 쿠바와 뉴욕을 오갔다. 그리고 너무도 다른 두 도시의 사회적 시차에 적응해나갔다.

Coca-Cola. 무수히 많은 글로벌 브랜드가 있겠다만, 단일 브랜드로서 이처럼 국경도 이념도 뛰어넘고 사랑받는 것이 또 있을까. 코카콜라가 오늘날까지 한결 같이 추구해온 가치가 있다. 그것은 뛰어난 맛도 강렬한 빨간색 디자인도 아니다. 코카콜라의 궁극적인 지향점은 '즐거움'이다. 그들은 이 탄산음료가 세계에서 가장 맛있는 음료라든지 혹은 가장 화려하고 아름다운 디자인을 가졌다고 내세우지 않는다. 왜냐하면 그들은 맛과 디자인은 얼마든지 변할 수 있는 요소인 반면, 사람들이 느끼는 즐거움은 쉽사리 변하지 않는 가치임을 알고 있기 때문이다. 'Enjoy Coca-Cola'. 코카콜라를 마실 때의 즐거움은 그게 자본주의 국가이든 사회주의 국가이든 상관없이 남녀노소 누구나, 모두가 함께 마시며 즐기는 기쁨이다.

정치적 이념과 문화적 환경이 다르고, 사람들의 겉모습은 다르지만 허울만 달랐다. 낯섦을 찾아 떠난 이번 여행에서 새로운 사실을 배웠다. 어찌 보면 여행은 낯선 장소에서 '같음'을 발견하는 과정일 수도 있겠다는 것을.

☆

Coca-Cola

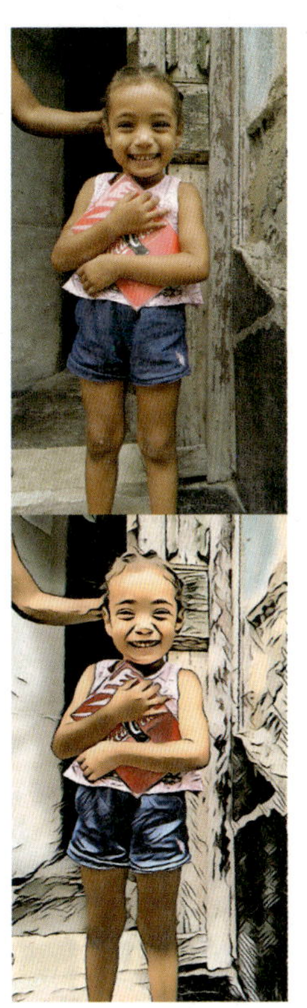

VOYAGE

여행의 시작

Coca-Cola Cuba;

1

냉전: COLD WAR

한국에서 쿠바를 가는 방법은 두 가지다. 캐나다를 경유하는 코스와 아닌 코스. 우리가 휴양을 즐기러 동남아로 가듯 추운 지역에 사는 캐나다인들은 쿠바로 간다. 거기다 소란스러운 미국인들의 개별여행이 통제된 곳이니 더할 나위 없이 좋았을 거다. 나는 과감히 캐나다를 거치지 않는 코스를 선택했다. 그게 더 조금 저렴했다. 이왕 돈을 아끼자는 뜻이 서자 흐르고 흘러 러시아 모스크바까지 흘러갔다. 쿠바로 가는 역주행 코스다.

인천, 모스크바, 쿠바라니.

금전적 이유 말고도 두 가지 이유에서 잘됐다 싶어 마음을 굳혔다.

첫째, 모스크바는 가보고 싶었는데 못 가봤다.

둘째, 러시아─쿠바 커넥션이 완성되자 이번 여행의 컨셉이 잡혔다.

〈냉전: COLDWAR〉.

바로 왕복으로 끊을까했던 계획을 수정해서 편도 비행편을 알아봤다. 쿠바 일정을 쪼개 뉴욕을 넣었다. 그러자 '러시아─쿠바─미국'의 20세기 냉전 커넥션이 완성됐다. 나의 여행이 역사의 현장 속으로 뛰어들었다. 그 다음부터는 하늘이 알아서 도왔다. 뉴욕에서 인천으로 돌아오는 비행기 중 가장 가성비 좋은 루트는 중국 상하이를 경유하는 코스다.

맙소사. '러시아─쿠바─미국─중국'의 大냉전 코스 완성이다.

다음날, 친구를 한 명씩 차례대로 불러내 이 웅장한 여행의 위대한 과정에 대해 전파했다. 몇 명의 친구가 들었을까. 한 녀석이 말했다.

야

?

냉전? 여기, 우리가, 최고지. 어디를 가냐?

??

잊고 있었던 사실.

나는 현존하는 지구 최강 냉전 국가에 살고 있다.

커넥션 업그레이드.

'남한─러시아─쿠바─미국─중국'

이제부터 나는 쿠바와 사랑에 빠질 예정이다.

☆

#2

마주 봄

착륙과 동시에 잠이 깼다.
거울 쳐다보듯 눈앞에 놓인 비행기를 마주봤다.
아바나 공항 활주로 유리에 내 얼굴이 비쳤다.

쿠바에 도착했다.
스무 시간의 기나긴 비행이 끝났다.
지루함으로부터의 해방감,
비행기 밖으로 펼쳐질 낯선 공간에 대한 두려움,
그 낯선 순간들을 기꺼이 포용하겠다는 또 한 번의 다짐.
감정이 얽히기 시작하자 여행이 시작되었다.
선반 위 짐을 꺼냈다.
이제 곧 쿠바로 걸어 들어간다.

3

택시기사 후안(Juan)

관광객이 아바나 공항에서 시내로 이동하기 위해서는 택시를 이용해야만 한다. 버스도 지하철도 없는 심플함 그 자체다.

쿠바에서 관광 산업은 정부 재정수입의 30% 이상을 차지하는 거의 모든 것이다. 저 멀리 소비사회에서 힘겹게 찾아온 관광객들의 지갑을 열게 하자는 기발한 생각은 대체 누가 했을까. 내국인과 관광객용 화폐를 두 개로 나누어 바가지를 씌우자는 쿠바식 창조경제가 탄생했다.

짐을 찾고 공항 밖으로 나갔다. 모든 여행객들이 택시를 잡느라 분주하다. 쿠바에서 가장 비싼 호텔에서 머문다 해도 예외는 없다. 모두가 택시를 탄다. 쿠바는 이렇게 합법적으로 입국세를 받는다. 쿠바 공항에서 시내까지의 일반적인 택시요금은 25쿡이다. '1쿡=1달러'라 치면 3만 원쯤 되는 가격이다. 20분 거리를 이동하는데 이 정도면 오히려 한국보다 비싸다. 스페인어로 가격 흥정을 해서 5쿡 정도를 깎기도 하지만, 이 나라는 모든 게 이런 식이다.

택시를 잡았다. FC바르셀로나의 열성팬 후안을 만났다. 조수석에 앉은 친구의 이름은 기억이 희미하다. 그저 후안의 친구인 줄 알았던 그 역시 이 택시의 공동 소유주였다. 하나의 택시에 두 명의 택시기사가 나란히 앉아 운전하는 모습. 쿠바는 처음부터 쿠바스러웠다. 후안은 아침부터 오후까지, 친구는 늦은 오후부터 저녁까지 택시를 몰았다. 그렇지만 서로의 본업이 일찍 끝나는 오늘 같은 날에는 함께 일한다. 그래서인가. 덜 외로워 보였다.

쿠바에서 택시면허를 따는 일은 어렵다. 돈도 많이 들고 인맥도 필요하다. 지구 반대편에도 쉬운 일은 세상 어디에도 없었다. 쿠바 정부가 의사, 교수, 교사, 공무원에게 주는 월급이 20만 원이 채 되지 않는 상황에서, 이들이 2천만 원이 훌쩍 넘는 중고차로 택시를 모는 일은 사실상 불가능했다. 게다가 허가제로 운영되는 택시기사 면허를 발급받기 위해서는 '사회적 서비스'를 일정 시간 이상 이수해야만 했다. 사회적 서비스란 국가가 지정한 서비스업에 맞는 기술을 갖춘 사람들이 일정 기간

을 복무하는 제도이다. 예를 들면 친구의 나라 베네수엘라로 가서 몇 년간 교육, 의료, 시설봉사를 한다든지 하는 일이다.

중저음의 목소리가 매력적인 후안은 자신을 공무원이라 했다. 전기를 배급하는 국영회사의 직원으로 이십 년 이상을 다니며 차곡차곡 월급을 모았지만, 그걸로는 택시는커녕 타이어 네 쪽도 못 샀다. 그러던 중, 10년 전 미국으로 망명 간 형이 보내준 목돈을 밑천 삼아 중고 택시를 장만할 계획을 세웠다. 그리고 면허를 얻기 위해 베네수엘라에서 3년 동안 공사현장에서 사회적 서비스를 이수하고 돌아왔다. 그는 정작 운전대를 잡은 지 얼마 되지 않은 신참이었지만 노련했다. 이 낡은 택시에 9명 가족의 밥줄이 달려있다. 그의 말에서 책임감의 무게가 느껴졌다.

나는 유리창 앞 수건을 보고 바르셀로나의 팬이냐고 물었다. 이야기 주제가 축구로 바뀌자 후안과 친구의 목소리가 커졌다. 그들이 바르셀로나와 메시의 축구에 빠진 것은 베네수엘라에서였다고 하는데, 말이 더 빨라지자 알아들을 수가 없었다.

¿despacio, por favor?(천천히 말해줄래?)

나에게 바르셀로나의 최근 경기를 본 게 있으면 결과를 알려달라고 했다. 그들이 아는 마지막 경기는 올 8월에 있었던 바르셀로나 홈 개막전이었다. 이제 곧 10월이었다. 나에게는 두 달 전에 있었던 경기를 마치 어제 일처럼 실감나게 말 할 재주가 없었다. 긴 비행 끝에 그들의 타임존에 진입하는 데는 성공했지만, 같은 공간에서 정보의 시차는 좁혀지지 않았다.

미디어가 통제되고 인터넷이 자유롭지 않은 나라에서 두 택시기사는, 이렇게 정보사회에서 온 관광객들로부터 최신 뉴스를 업데이트 받았다. 그들은 이것으로 바르셀로나 팬으로서의 소임을 다하고 있었다. 둘은 나보다 먼저 이 택시를 탔던 다른 승객들에게 몇 번이고 똑같은 질문을 하고 비슷한 답을 들었을 거다. 그럼에도 둘은 언제나 처음 듣는 것처럼 들떴고 신나했다. 순수한 그들의 모습에서 순도 99%짜리 팬심을 확인했다.

☆

시간이 멈춘 도시

나는 확실히 들떠 있었다.

창 바깥의 풍경이 보였다.

낯선 풍경을 빠르게 훑었다.

온갖 페인트색이 말라붙은, 낡아서 바스러져가는 건물들….

시간이 멈춘 도시가 눈동자에 담겼다.

낯선 풍경

택시가 시내로 들어왔다.
인력거가 달리는 거리에 시선을 멈추었다.
스페인과 쿠바의 국기가 동시에 걸려있는 풍경에서 묘한 긴장감이 돈다.
쿠바는 스페인제국의 시작과 끝이다.
1492년, 콜럼버스가 쿠바를 발견하면서 스페인제국이 시작됐다.
그리고 1898년, 미국과의 전쟁에서 패하면서 스페인제국이 몰락했다.
쿠바는 필리핀과 함께 스페인제국의 마지막 식민지였다.
스페인은 쿠바를 얻음으로써 제국이 되었고
쿠바를 잃음으로써 변방이 되었다.
부흥에서 몰락까지 400년이 걸렸다.
나중에 저곳이 스페인 음식을 파는
레스토랑이라는 사실을 알았지만,
한때 정복국의 국기를
도로 한복판에 버젓이 걸어놓은 모습이 낯설다.

☆

THE COLONIAL ERA

식민지 시대

Coca-Cola Cuba;

Coca-Cola Cuba;

1

스페인

(1492~1898)

PART 1

THE COLONIAL ERA

CAMPANARIO

식민지의 의미

쿠바는 동서로 길게 뻗은 一자형 섬이다. 동시에 카리브 해에서 가장 큰 섬이고 아메리카 대륙 중앙에 위치한 지리적 요충지다. 스페인제국은 쿠바를 기점으로 본격적인 남아메리카 정복을 시작했다. 그리고 아메리카 전역에서 수탈한 각종 전리품을 이곳에서 모아 나눴다. 쿠바는 가난해졌고 스페인은 부유해졌다. 쿠바는 스페인 식민지 시대의 초석이자 상업 허브였다.

콜럼버스에 의해 쿠바가 발견되었다. 역사의 승자승 원칙에 따라 쿠바는 발견된 것으로 기록된다. 이를 역사적 사실로 받아들이지만, 진짜 사실은 쿠바는 콜럼버스가 발견하기 전부터 이곳에 존재해왔다는 것이다.

콜럼버스가 탄 배가 쿠바에 처음 상륙했을 때 원주민들은 그들을 환영했다. 기록에 따르면 그들은 역사상 처음으로 담배를 재배하고 피운 부족이라고 한다. 담배라는 고부가가치 상품의 독점판매를 위해 스페인은 원주민들을 정복해 나갔다. 공교롭게도 쿠바의 원주민들을 몰락시킨 건 총칼이 아니라, 그들이 유럽 대륙에서 가져온 홍역과 천연두 같은 바이러스였다. 원주민의 90%가 바이러스로 죽었다. 그리고 그 대가로 스페인 사람들 역시 매독을 가지고 본국으로 돌아갔다.

담배를 대량으로 재배하기 위해서는 더 많은 노동력이 필요했다. 원주민들의 대다수가 죽자, 스페인은 더 가혹하게 남은 사람들을 착취했다. 이를 눈뜨고 지켜볼 수 없었던 몇몇 스페인 선교사들이 왕에게 청원한다. 'In the name of cross'의 뜻으로 저들에게 인간적인 대우를 해주시기를. 그리고 이런 일은 짐승보다 못한 아프리카 노예들에게 맡길 것을.

왕은 이를 받아드렸고 스페인은 본격적인 노예무역에 나선다. 스페인이 쿠바를 지배한 400년 동안 서울 인구보다 많은 1,500만 명의 아프리카 흑인들이 노예로 쿠바로 끌려왔다. 그리고 그중 200만 명 이상이 좁은 선실에서 압사했고 기아와 좌초로 배 위에서 바다로 버려졌다. 에메랄드빛 해변을 간직한 오늘날의 쿠바는 그들의 피와 눈물로 만들어졌다.

☆

2

카오스

공항을 벗어나 시내로 들어서자 사람들이 여럿 보인다.
그리고 더해진 혼란스런 풍경들.
건물들은 하나같이 무너지고 있었다.
듬성듬성 구멍이 패인 도로 위로 내가 탄 택시가 달렸다.
어른들은 갈라진 틈새를 대충 메운 차도 위를 어슬렁거렸고,
아이들은 무너진 건물 위를 뛰어 놀았다.
화실 밖을 나갔다 온 사이 잭슨 폴락이 다녀갔나.
하얀 캔버스에 온갖 물감이 끼얹어진 듯
나의 환상 속 쿠바는 엉망이 되어 버렸다.
정신이 혼미해졌다.

☆

카오스 2

두 발로 내딛어 바라본 바깥의 풍경은 택시 안과 또 달랐다.

희미한 물감이 점점 더 선명해졌다.

예고 없는 얼룩으로 끼얹어진 나의 하얀 캔버스.

이방인으로서 품었던 낭만 따위는 걷히고

이곳에서 앞으로 어떻게 버텨야 하는지 걱정이 본능적으로 들었다.

칠이 벗겨진 벽,

창가에 하얗게 늘어선 빨래가

풍성한 햇빛과 적당한 바람을 맞으며

여행의 앞날을 예고하듯 휘날린다.

눈길이 닿는 곳마다 쓰레기 더미 천지다.

길거리에서 만난 개와 고양이는 몇날 며칠을 굶었는지 살가죽이 없었다.

만약 지구 종말의 날이 온다면 이런 모습일까.

그런 생각을 하며 길을 걸었다.

택시에서 봤던 FC바르셀로나의 깃발을 마주쳤다.

정신이 들었다.

☆

FC BARCELONA
F.C.B.

다섯 번째 초인종이 울리고

까사(casa)에 도착했다.
벨을 눌러도 주인은 대답이 없다.
다섯 번을 연달아 눌렀다.
맞은편 모퉁이에 앉아 있던 무리들이 소리쳤다.

마르코!

앉아있어도 그 큰 키를 감추지 못한 흑인 청년 3명이 쭈그려 있었다.
그 사이로 빨간 반바지를 입은 한 명이 한 번 더 소리쳤다.
매무새로 보아 쿠바 사람임을 단번에 알았다.

마르코!! 너 친구 왔어 내려와!

나를 부른 줄 알았는데 아니었다.
그는 나를 대신해 대답 없는 주인을 불러줬다.
낯선 환경 속 긴장이 덜 풀렸는지 목소리가 입 밖으로 나오지 않았다.
꿈에서처럼 아무 말도 뱉어지지가 않았다.
고맙다는 말을 해야 하는데 마음과 목소리가 따로 놀았다.
뭘까, 이 사람들.

☆

4
MARYLIN
ARRENDADOR DIVISA
ARRENDADOR DIVISA
329
NO
BA

5

아미고

3층으로 올라오자마자 발코니로 갔다.
숙소에 들어오니 긴장이 조금 풀렸다.
그제야 눈앞에 펼쳐진 쿠바가 더 가까이 들어왔다.
저 밑으로 아까의 무리가 보인다.
서로 눈이 마주쳤다. 이쪽과 저쪽이 동시에 손을 흔들었다.
여행 내내 지겹게 들었던 '아미고(amigo)',
친구를 부르는 말이
1층에서 공기를 타고 3층으로 올라왔다.
내내 잠겨 있던,
고맙다는 말이 3층에서 1층으로 내려갔다.
여태까지의 여행 중 가장 많은 친구를 이곳에서 만났다.

☆

#6

Casa Particular

숙소는 겉보기와 달리 깨끗했다.
의외로 깔끔했다는 말이 보다 정확할 것 같다.
짐을 풀고 침대에 그대로 뻗었다.

쿠바에서 까사(casa)라고 하면 민박을 지칭한다.
쿠바에서 까사가 발달한 데에는 나름의 배경이 있다.
1960년대에서 시간이 멈춘 나라,
쿠바는 여행자들에게 매력적인 곳이었지만
여행자들이 묵을 숙소가 없었다.
아바나 같은 대도시나 바라데로 같은 휴양도시에는
미국인들이 두고 간 호텔이 있었지만,
다른 지방에는 변변한 숙소가 없었다.
그렇다고 호텔을 새로 지을만한 여력이 없었다.
까사(casa)는 그리하여 탄생했다.
사회주의 국가 쿠바에서 개인이 숙박업을 할 수 있게 된 것은
비교적 최근의 일이다.
사회주의의 기본 슬로건이 '모든 것은 국가에 의해!'임을 떠올려 볼 때,
이처럼 개인의 이윤 추구가 가능해진 건 엄청난 변화다.

☆

자본주의에서 생산수단을 가진 이들을 부르주아 계급이라 칭하는 것처럼,

쿠바. 이곳에서는

택시, 까사, 레스트랑과 같은 달러를 벌 수 있는 수단을 가진 자가 합법적인 쿠바 부르주아가 된다.

특히 까사는 직접적인 노동이 필요한 택시나 레스토랑과 달리 집만 있으면 별도의 활동이 불필요한 생산수단이어서 쿠바의 부유한 중장년층으로부터 인기가 높다. 숙소의 위치나 크기와 시설 등에 따라 가격이 다르지만, 관광객들이 지불하는 평균적인 숙박비용은 방 하나당 25~35달러 사이다.

쿠바 내에서는 인터넷을 통한 숙소예약이 불가능하다. 그래서 대개 관광객들은 쿠바로 도착하기 전 미리 AIR BNB나 TRIP ADVISOR로 숙소를 예약한다. 그러나 쿠바에서 하루만 지내보면 알게 된다. 골목골목마다 까사 마크를 부착한 집들이 넘쳐나기 때문에 굳이 먼저 숙소를 알아보지 않았더라도 걱정할 필요가 전혀 없다는 것을. 몇 년 전까지 간단한 허가제로 운영되었던 까사의 신규 등록은 공급과잉으로 더 이상의 등록이 거의 불가능해졌다.

현지에서 숙소를 예약하는 법은 간단하다. 길을 걷다 마음에 드는 까사가 보이면 문을 두드린다. 그러면 마중 나온 주인과 정겨운 쿠바식 인사를 나누고 방을 살펴본다. 쿠바 중산층의 가정집을 구경하는 것과 친절한 쿠바인들과의 이야기는 보너스다. 까사가 마음에 들 경우 그 자리에서 언제 오겠다고 집주인과 약속을 하면 예약이 끝난다. 집주인은 나의 여권을 받아 'LIBRO REGISTRO DE ARRENDATARIOS'라 불리는 숙박 장부에 나의 이름과 여권번호 등을 기입해 매일매일 쿠바 정부에 보고한다. 집주인은 매월 정해진 금액을 세금으로 내야하는데, 숙박요금의 약 40% 수준이라고 한다.

260
T
ARRENDADOR DIVISA
Colonial Habana

7

사탕수수와 프랑스

쿠바하면 떼놓을 수 없는 몇 가지가 있는데 그중 하나가 사탕수수다. 쿠바 역사의 희로애락을 보여주는 물건을 꼽으라면 단연코 사탕수수가 1순위다. 쿠바가 본격적으로 사탕수수를 재배한건 생각보다 늦은, 1800년대에 들어서다. 그전까지 쿠바는 스페인제국의 계획에 따라 담배를 주로 재배했지만, 담배 재배에 올인하지는 않았다. 비중은 낮아도 다양한 농작물을 함께 경작했다. 그러던 중 1791년, 옆 나라 아이티에서 프랑스의 식민 지배에 대항한 노예 해방운동이 일어났다. 당시 아이티는 남아메리카에서 가장 큰 사탕수수 수출국이었는데, 이때 모든 농장이 불타는 바람에 설탕산업이 초토화되었다. 스페인은 이 기회를 놓치지 않았다. 아이티에 있던 농장 지주들의 이주를 도왔고 쿠바에서 새롭게 사탕수수 농장을 시작할 수 있도록 땅을 주었다. 멀쩡했던 마을이 농장으로 바뀌어갔다.

19세기 프랑스령 세인트 도밍고의 흑인 반란으로 아이티가 독립하면서, 아이티에서 망명한 프랑스인 농장에서 사탕수수 재배 기술이 도입되었다. 1900년대 초반 쿠바는 사탕수수 덕분에 남미에서 손꼽히는 부를 누렸다. 이웃 국가 미국이 본격적인 산업화에 접어들자 설탕의 수요가 폭발적으로 증가했다. 미국의 모든 테이블에 설탕이 놓여졌다. 거기다 유럽에서 1차 세계대전이 터지면서

유럽 전역이 황폐화되자, 쿠바산 사탕수수의 가격은 그야말로 치솟았다. 설탕가루가 금가루가 되는 기적이 벌어졌다. 네덜란드 튤립버블 때처럼 너도나도 사탕수수만을 재배해댔다. 그 당시에는 그게 현명한 재테크였다.

그러던 중 1929년 대공황이 터졌고 설탕 거품이 썰물처럼 빠졌다. 설탕은 금은커녕 밥 한 끼도 될 수 없었다. 금가루인줄 알았던 설탕이 먼지가 되어 공중으로 흩뿌려졌다. 이때 비롯된 사탕수수 단일경작 체제는 쿠바의 재앙으로 돌아왔고 오늘날까지도 개선되지 않았다.

그렇지만 이것을 단순히 쿠바인들의 탐욕이나 과오로 치부하기에는 무리가 있다. 쿠바에서 사탕수수 농장을 소유한 이들은 쿠바인들이 아니었기 때문이다. 스페인, 미국인과 같은 외국인이 기업을 이뤄 대농장을 소유했다. 정작 쿠바가 필요했던 것은 먹을게 나오는 논과 밭이었지만, 이들은 여기에 투자 매력을 느끼지 못했다. 투자자들은 오히려 남은 땅을 사탕수수 농장으로 바꾸는데 열을 올렸다.

오늘날 쿠바가 식료품 수입에 GDP의 20% 이상을 지출한다는 데이터를 모르고 있을지라도, 쿠바를 여행하다 보면 저절로 알게 된다. 이 나라는 도무지 먹을 게 없다. 쿠바에서 신선한 야채와 과일을 먹는 사치는 일찌감치 포기했다.

#8

미드나잇 인 쿠바

11시간의 시차를 적응하는 일은 쉽지 않았다.
침대에서 일어나 방문을 열자 이미 깊은 밤이었다.
갈 곳이 없었지만 밤 속으로 들어가고 싶었다.
낮보다 짙은 풍경이 어둠을 따라펼쳐졌다.

집 앞 골목에서 영화「미드나잇 인 파리」가 떠올랐다.
주인공을 시간여행으로 데려갔던
영화 속의 그 낭만택시가 바로 내 앞에 있었다.
마치 내가 타기를 기다리고 있는 듯….

파랑과 빨강의 헤드라이트 불빛에 이끌려 본격적인
쿠바의 밤으로 빠져들었다. 풍덩.

☆

9

밤의 말레꼰

낮의 무질서함은 검은 빛에 잠겨 잠잠해졌다.
바다내음을 나침반 삼아 걸었다.
갈 때는 오른편으로
돌아올 때는 왼편에 두자는 계획만 있었다.
처음 보는 말레꼰의 파도는 생각보다 잠잠했다.

말레꼰을 둘러싼 방파제는 기대보다 작고 거리는 지저분했다.
조금 더 걸어갔다.
사람들이 드문드문 모여 밤의 공기를 채웠다.
적막함이 파도소리로 부서졌고
파도소리는 웃음소리를 반주 삼아
아바나를 둘러싼 기다란 방파제, 말레꼰을 때렸다.
몇 걸음 더 가자 진짜 음악 소리가 들렸다.
나는 이 분위기를 밤레꼰으로 부르기로 했다.

#10

프레스코

중세 성당에 바른 프레스코 그림이 떨어져 나가듯
말레꼰 주변의 건물들은 온통 페인트칠이 뜯겨져 있었다.
염분의 풍화작용이 페인트 벽을 부식시켰다.
떨어져 나간 벽 옆으로 버려진 건축자재 더미가 길을 따라 쌓여 있다.
프레스코는 회화사에서 가장 오래된 그림의 형태로 여겨진다.
본래 뜻은 회반죽이 마르기 전, 신선할 때(이탈리아어로 프레스코)
물로 녹인 안료로 그리는 기법으로 그려진 벽화를 가리킨다.

프레스코화는 14세기~15세기 초기, 르네상스 시대에 전성기를 보냈다.
기술의 발전은 미술 재료의 발전도 촉진시켰고,
17세기에 접어들며 이후 유화에 밀려났다.
멕시코를 대표하는 화가 디에고 리베라는 프레스코 기법을 활용해
스페인의 멕시코 침략의 역사를 그려냈다.
무너진 벽 뒤 어둠 안으로 들어가면 왠지 그가….
그린 그림이 걸려 있을 것만 같았다.

☆

아바나대학교

스페인제국 시대 때 설립된 남아메리카 최초의 대학.
당시 진보와 개혁의 상징으로 세워진 학교는
오늘날 남아메리카에서 가장 폐쇄적인 학교가 되었다.
대학 입구를 지키는 철문도 요란한 현수막도 없었다.
학교로 들어가는 모든 문이 열려있었다.

이 학교를 졸업한 피델 카스트로는 혁명과 동시에 쿠바의 문을 닫았지만,
아이러니하게도 이곳으로 들어가는 모든 문은 열려 있었다.
계단 위에 앉아 있는 노인은 연배로 보아 아마도 피델과 같은 시간을 살아냈을 것이다.
그때부터 지금까지의 쿠바의 변화를 보면서 무슨 생각을 할까.
노인이 깔고 앉은 저 계단 위로 쿠바의 역사가 흘러내렸다.

마지막 자존심

언제부턴가 피라미드 같은 거대한 고대 건축물을 보고도 경외감이 들지 않았다. 대신에, 저 무모한 도전을 위해 희생된 힘없는 이들의 슬픔이 보였다. 권력층의 끝없는 욕심을 채우기 위해 얼마나 많은 노예들이 희생되었을까. 그런 의미에서 피라미드와 사탕수수는 닮았다. 기술의 발전은 산업혁명을 일궜고, 산업혁명은 노예를 해방시켰다. 100명의 노예가 하던 일을 1개의 기계가 대체했다. 더 이상 노예는 불필요해졌다. 노동생산성 관점에서 노예는 기계에 패했다. 패배였지만 축복이었다. 기계가 노예들의 일자리를 빼앗자 그들은 근로자가 되어 임금을 받고 기계를 다루기 시작했다. 기계는 노예들을 그들의 주인으로부터 해방시켰고 새로운 주인으로 자리매김했다. 주종관계가 임금을 매개로 한 계약관계로 바뀌자 비로소 사람이 보이기 시작했다.

1860년 미국에서 노예제도 폐지를 주장한 링컨이 대통령으로 당선된다. 미국 전역은 노예제도 폐지 찬반의 문제로 내분을 겪었다. 반면 옆 나라 쿠바는 조용했다. 도리어 노예제도 유지를 공고히 했다. 쿠바를 지배하던 스페인 유지들은 쿠바의 담배와 사탕수수가 가져다주는 막대한 부를 포기하지 않았다.

쿠바의 독립전쟁은 생각지도 못한 엉뚱한 곳에서 터졌다. 해방을 외쳤던 건, 노예가 아닌 대농장 지주로부터 시작되었다. 카를로스 세스페데스는 100명이 넘는 자신의 노예들을 해방시켰고 동시에 스페인으로부터의 독립을 선언했다. 사람들이 동요했고 편이 나뉘었다. 전쟁이 시작됐다. 쿠바의 수도 아바나가 있는 부유한 서쪽 지역은 스페인 편을 든 반면, 소외되고 가난했던 동쪽 지역은 세스페데스 편에 섰다. 그래서 첫 번째 쿠바 독립전쟁은 내전이 되었다. 아바나를 포함한 서부지역과 스페인이 한 몸이 되어 동부 쿠바와 싸웠다. 전쟁은 10년 동안 교착상태에 빠졌지만 사람들은 쉬지 않고 죽어나갔다. 1878년, 긴 싸움의 끝에 평화협정을 맺게 된다. 승패는 없었지만 쿠바에 조금씩 변화가 찾아왔다.

벌어진 상처는 응급조치에도 아물지 않았다. 개혁에는 한계가 있었다. 스페인은 여전히 쿠바에서 자원을 수탈해갔고 막대한 세금과 관세를 부과했다. 농장을 위한 노예제도도 계속 유지됐다. 이때 아바나 공항의 주인공이자 혁명의 영웅으로 불리는 호세 마르티가 등장한다. 그는 피델 카스트로의 롤모델로, 미국으로 망명하여 쿠바의 독립투쟁을 다양한 문학작품으로 소개하며 국제사회의 관심을 끌어냈다. 1890년, 그는 쿠바로 귀국해 내부의 다양한 독립투쟁 노선을 통합하여 2차 스페인 독립전쟁의 중심이 된다. 전쟁 시작과 동시에 벌어진 첫 전투에서 그는 죽었지만 쿠바 민족혼의 상징으로서 영원히 기억되었다. 독립을 향한 열망은 불씨가 되어 독립투쟁에 생명을 불어넣었다. 그는 죽어서 쿠바독립의 순교자로 부활한다. 이를 계기로 독립에 무관심하고 닫혀 있던 쿠바인들의 마음에 동요가 일었다. 사태가 커지자 미국이 개입했고 이해관계는 더욱 복잡하게 얽혔다. 1900년대를 앞둔 시점에서 국제사회의 키워드는 단연코 '제국주의'였다. 뒤늦게 강대국 반열에 합류한 미국 역시 마찬가지였다. 아메리카 대륙에서 쇠약해져가는 스페인을 밀어낼 수 있는 기회라고 생각한 미국은 '노예제 폐지와 식민지 해방'이라는 정당성을 가지고 쿠바에 간섭한다.

그러던 차에 논란이 되는 사건이 터진다. 1898년, 쿠바에 정박 중이던 미국의 USS메인호가 폭발하여 300여 명이 사망한다. 폭발의 원인을 규명하는 조사가 진행되었고 미국은 증거가 충분하지 않았음에도 불구하고 스페인에 전쟁을 선포한다. 무적함대로 불렸던 스페인이 해전에서 미국에 패하며 제국의 종말을 고했다. 영국이 청나라를 공격했던 아편전쟁 당시, 청나라의 배에서 포탄 대신 모래와 톱밥이 터져 나갔다는 거짓말 같은 시나리오가 여기서도 반복됐다. 스페인은 부패했고 몰락했다. 미국의 군사령관 루즈벨트는 이 전쟁으로 영웅이 되어 대통령에 당선된다. 팍스 아메리카나(Pax Americana,)의 문이 열렸다.

시가를 문 노인

남자의 로망이었던 시가.
한때는 럼과 함께 남자가 쿠바에서 할 수 있는 최고의 사치였다.

쿠바 시가는 세계적으로 유명하다.
쿠바는 16세기 이래 스페인 식민지국 중 담배의 주산지로,
시가를 만드는 최고 재료로 꼽히는 담뱃잎이 아바나 서쪽 지방에서 생산된다.
지금도 여전히 숙련된 장인이 하나하나 손으로 시가를 빚어내고 있다.
담뱃잎을 잘 말리고 처리하는 공정과
시가의 맛을 결정하는 블렌딩 기술에는
쿠바 고유의 역사적 노하우가 담겨 있다.

2

미국
(1899~1924)

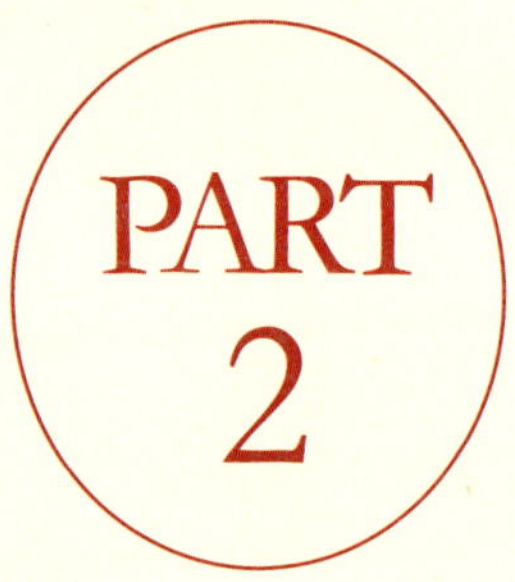

PART

2

THE COLONIAL ERA

No. 108, 2do. Piso
Dania y Che
108
CASA
ALFIDO

1

In the name of GOD

숙소로 올라가는 계단 위로 십자가가 보였다.
19세기 이후 모든 강대국이 쿠바를 탐냈다.
캐러비안 해변을 품은 열대의 기후는 아늑했고 풍부한 자원은 돈이 됐다.
거기다 쿠바는 북아메리카와 남아메리카의 중점이자
유럽으로 향하는 관문이었다.

#2
문

스페인제국 400년 지배의 종결.
그리고
쿠바와 미국의 끈질긴 악연이 시작되었다.

313

☆

CREATIVITY
IS
GREAT
BRITAIN & NORTHERN IRELAND

#3

평행이론

우리나라가 해방 직후
1945년부터 3년간의
미군정을 겪은 것처럼
쿠바 역시
1898년 독립과 함께
미국의 지배를 받는다.

1898

1898년 8월 13일.
아바나 광장에 걸린 스페인 국기가 내려갔다.
그 자리를 대신하여 미국의 성조기가 올라갔다.
쿠바는 미국의 보호령이 되었고,
미국은 쿠바 '해방자'에서 쿠바 '점령자'가 되었다.

독립, 그 후

쿠바는 독립했지만 주요 사회 기반시설은 이미 미국 회사들의 지분으로 넘쳐났다. 달러($)가 쿠바 전역을 휩쓸었다.

미국의 쿠바 점령은 경제지배로 시작해 군사지배로 넘어갔다. 1903년, 미국은 쿠바의 남동쪽 관타나모 지역을 연간 4,000달러에 영구 임대하는 조약을 체결한다. 그리고 쿠바에 최대 규모의 해양기지를 설치하고 파나마 운하를 건설한다. 쿠바를 넘어선 본격적인 카리브 해 정복이었다. 아메리카 대륙을 지나는 모든 선박이 미국의 레이더에 걸렸다. 쿠바를 비롯한 중남아메리카는 물론 유럽까지 위협했다.

관타나모 해군기지는 오늘날까지도 유지되고 있으며 911테러 이후 미국의 악명 높은 인권침해 수용소로 알려졌다. 오늘날 까지도 쿠바와 미국 사이에 풀어야 할 가장 어려운 숙제 중 하나로 남아 있다.

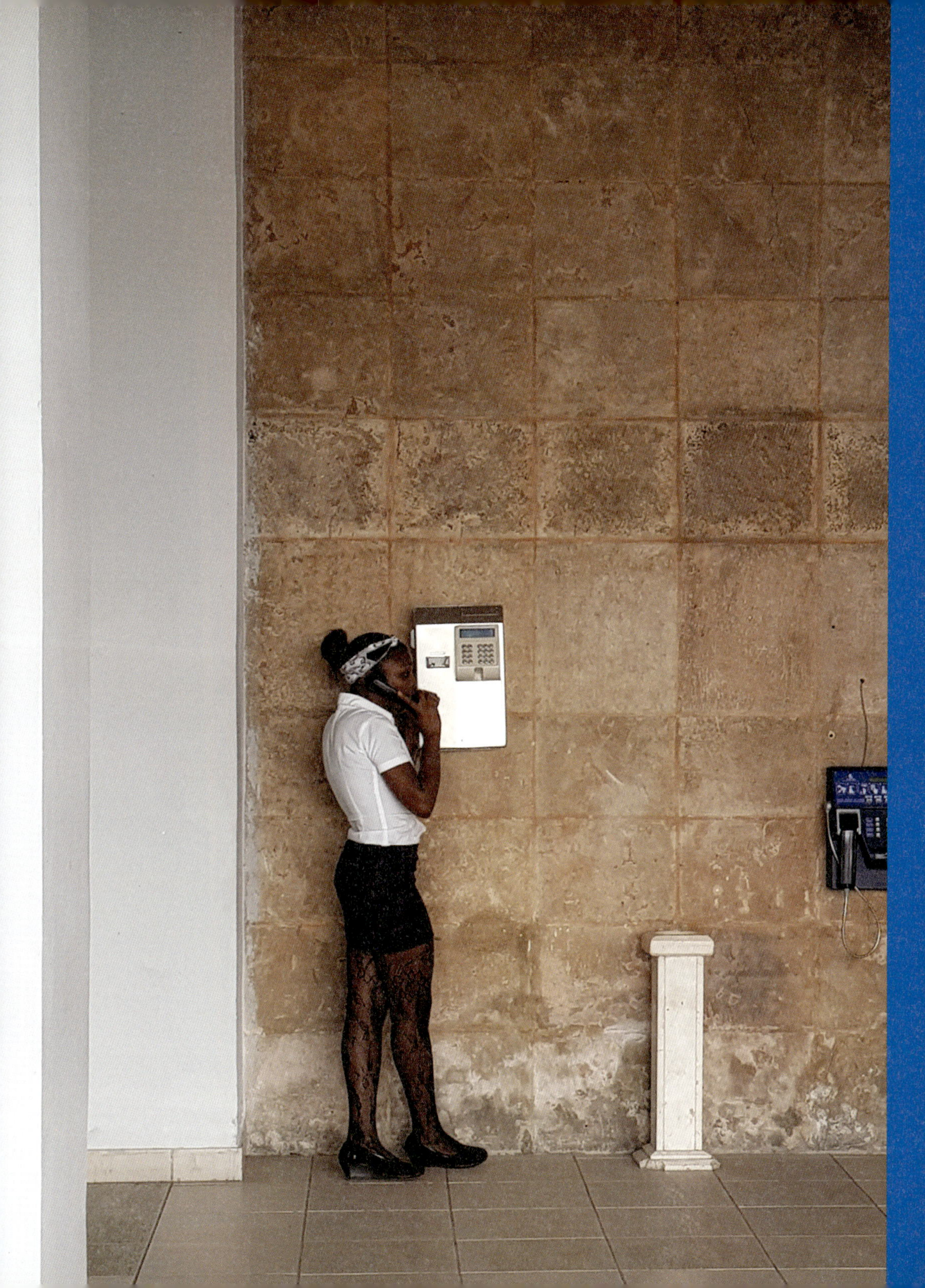

6

미세먼지

미세먼지처럼 눈 깜짝할 새에 미국의 자본이 쿠바 하늘을 뒤덮었다. 전기, 철도, 수도, 사탕수수 등 쿠바의 모든 산업이 미국 자본에 잠식당했다. 스페인에서 미국으로 주인만 바뀌었을 뿐 달라진 건 아무것도 없었다. 1902년, 미국의 허락으로 쿠바에서 최초의 대통령 선거가 열렸다. 토마스 에스트라다 팔마가 초대 대통령으로 당선된다. 그는 우리나라의 이승만 대통령과 마찬가지로, 자신의 삶 대부분을 미국에서 보낸 무조건적 친미 인사였다.

미국은 사탕수수와 담배 투자로 수익을 올리기 위해 노동력이 필요했다. 하지만 노동에 필요한 절대적 인구수가 부족했다. 스페인 독립전쟁으로 많은 노예들이 죽었기 때문이다. 이로 인해 쿠바는 이민자를 위한 성지가 되었다. 중국에서만 10만 명 이상이 건너왔고 제3세계 국가와 유럽에서도 많은 이들이 이곳에 모여들었다. 쿠바는 기회의 땅이었다. 카스트로 형제의 아버지도 기회를 놓치지 않고 이곳으로 왔다.

정제되지 않은 투자는 부의 양극화를 가속화시켰다. 쿠바의 도시들은 빛났고 농촌은 빛을 잃었다. 시대가 변했다. 쿠바에서는 미국인과 거래할 수 있는 백인들이 부를 축적했다. 특히 쿠바의 설탕산업은 미국의 소비수준이 상승하면서 함께 성장했다. 설탕은 이미 빵과 디저트 같은 음식 뿐만 아니라 제약이나 화학에서도 원료로 사용됐다. 그렇게 조금씩 쿠바는 미국과 함께 성장해갔다.

#7

색(色)

'미(美)'란 무엇인가에 대한 오래된 미학 논쟁이 있다.
형(形)과 색의 우열을 두고 많은 예술가와 비평가가 싸웠다.

1671년, 프랑스 파리 화단에서는 '선'을 가장 중요시한
푸생주의자(Poussiniste)와 '색'을 중시한 루벤스주의자(Rubenist)들이 논쟁을 벌였다.
두 진영의 대립은 정작 루벤스(Peter Paul Rubens, 1577~1640)와
푸생(Nicolas Poussin, 1594~1665)과는 아무 상관이 없었다.
단지 그들의 서로 달랐던 화풍에 열광했던 추종자들에 의해서 시작되었다.
가벼웠던 논쟁이 권위를 만나면서 프랑스 미술계 내부에서 계파가 나뉘었다.
각자는 시대를 거슬러 미술사 전반을 해석하는 관점의 차이를 보였고
본격적인 대립구도를 형성했다.
예를 들면, 같은 성모 마리아를 그린 라파엘로와 티치아노의 그림을 두고
다음과 같이 의견이 갈렸다.

☆

푸생주의자들은 티치아노(우)의 그림이 지나친 명암법과 색의 남용으로
아름다움을 잃어버렸다고 평가했다.
반대로 루벤스주의자 라파엘로(좌)의 그림은 지나치게 엄격한
형과 선의 추구로 보는 사람으로 하여금 이질감이 들게 하고
오직 수학적이고 관념적 아름다움만을 추구하는데 머물러 있다고 비판했다.

미술은 분명히 형과 색 모두를 필요로 하기 때문에
애초부터 정답이란 존재하지 않는다.
그럼에도 이 논쟁은 잊을만하면 등장하는 미술사의 단골 안주다.
20세기 들어 피카소와 마티스 화풍의 대립에서도 또다시 반복되는 것처럼 말이다.
그럼에도 굳이 둘 중 하나만을 꼽아야 한다면 나는 색을 선택할 거라고,
쿠바에서 생각했다.
쿠바의 골목골목이 팔레트였다.

☆

고기 매는 사람

결론부터 말하자면 쿠바 음식은 맛이 없는데다 비싸기까지 하다.

내국인용과 외국인용 화폐가 다르다.

같은 물건이지만 구매자에 따라 가격이 달리 매겨진다.

바가지로 치부하기에는 그 차이가 너무 크다.

쿠바의 모든 것이 그렇다.

쿠바의 냉장 · 냉동 시스템은 매우 낙후되었다.

때문에 현지인들은 매일 아침부터 저녁까지

정부가 운영하는 아이스크림 가게 앞에 긴 줄을 선다.

이들에게 아이스크림은 그 자체가 첨단 기술의 산물이다.

정비슷한 맥락으로 모든 고기는 상온에서 유통된다.

그래서 이곳 사람들은 정육점 문 앞에 걸린 파리 붙은 핏덩이를 사가곤 하는데,

그마저도 축복받은 사람들이다.

육류는 배급품목에서 제외된 지 이미 오래다.

얼마 전까지 전기가 부족해 도시 전체가 몇 시간씩 소등을 하던 나라다.

그래서 이곳에서는 재료의 신선함을 유지하는 게 불가능하다.

음식의 맛은 낭만이 아니라 기술이 만든다.

☆

PRODUCTOS ELABORADOS
MERCADO San Lazaro y S. Nicolas
ARRENDAMIENTO
U.B.P.C. "GRITO DE BAIRE"
HORARIO

제레미 리프킨, 육식의 종말

선진국 사람들에게 육고기를 제공하기 위해
개발도상국의 축산업은 기형적으로 희생되었다.
지구에서 생산되는 전체 곡식의 3분의 1이 축우와
다른 가축들 사료로 소비되는 반면,
수천만 명 이상이 식량부족으로 기아에 시달리고 있다.

그러는 동안
북반구의 선진국 사람들은 육류 과잉 섭취로 질병에 시달리고 있다.
그들은 심장발작, 암, 당뇨 같은 풍요병으로 목숨을 잃는다.
그리고 그 수가 기아에 시달리는 사람보다 더 많다.
쿠바에서 사육되는 소와 돼지는 고양이와 개처럼 말랐다.
그마저도 그들을 위한 것이 아니다.

☆

MERCADO

AGE OF DICTATORSHIP

독재 시대

Coca-Cola Cuba;

3

마차도와 설탕

PART

3

AGE OF DICTATORSHIP

독재자의 출현

1925년, 제라르도 마차도(Gerardo Machado, 1925~1933)가 쿠바의 다섯 번째 대통령으로 당선되었다. 스페인 독립전쟁의 군사 지도자였던 그는 공약으로 두 가지를 약속한다.

첫째, '설탕'으로부터의 해방.

둘째, '미국'으로부터의 해방.

실천에서 좌절했을 뿐, 모두가 그 필요성은 알고 있었다.

그가 맡은 첫 프로젝트는 낙후된 동쪽 지역과 수도 아바나를 중심으로 한 서쪽을 연결하는 고속도로 건설이었다. 미국 회사들이 소유한 철도 독점권에 대한 자구책이었다. 관공서와 학교가 길을 따라 세워졌다. 기존의 지분투자 형태에서 벗어나 쿠바정부가 미국 은행으로부터 차입금을 받아 직접 원리금을 상환했다. 1차 세계대전 때부터 시작된 사탕수수 특수를 등에 업고 쿠바는 카리브 해의 새로운 경제모델이 되었다. 그러던 중 미국에서 사건이 터졌다. 1929년, 미국 증권거래소가 붕괴되며 대공황이 바다 건너 쿠바를 강타했다. 은행들은 쿠바정부에 원금 상환을 독촉했고 설상가상으로 1932년, 역사상 최악의 허리케인까지 쿠바를 강타하며 나라 전체가 마비되었다.

이러한 내외부적 긴장감 속에서 마차도는 서서히 독재자가 되어 갔다. 실업자가 거리로 쏟아져 나왔고 투자자들은 돈을 본국으로 회수해갔다. 모든 언론이 통제됐다. 혼돈의 시대였다. 대규모 시위와 반란이 있었지만 마차도는 군대를 동원해 무자비하게 진압하며 트로피칼 파시즘 시대를 열었다.

#2

재즈@쿠바

#3

재즈@뉴욕

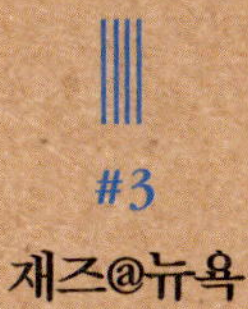

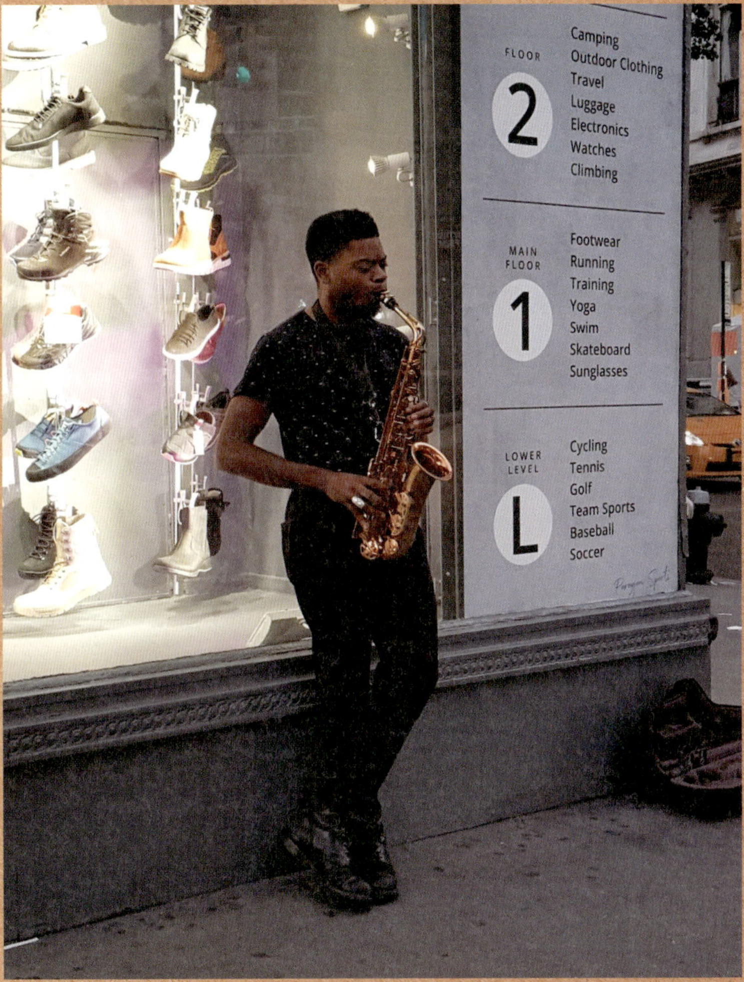
FLOOR
2
Camping
Outdoor Clothing
Travel
Luggage
Electronics
Watches
Climbing
MAIN FLOOR
1
Footwear
Running
Training
Yoga
Swim
Skateboard
Sunglasses
LOWER LEVEL
L
Cycling
Tennis
Golf
Team Sports
Baseball
Soccer

4

치코와 리타

영화「치코와 리타」는 1900년대 냉전시대의 쿠바와 뉴욕을
배경으로 한 애니메이션이다.
사실상「라라랜드」의 원작이다.
표절과 차용의 경계는 늘 애매하다.
오히려 다큐멘터리 영화「부에나 비스타 소셜 클럽」보다
「치코와 리타」에서 진짜 쿠바가 보였다.
때로는 사진보다 그림이 사실적이듯,
다큐멘터리나 사진이 차마 담아내지 못한 현실이 애니메이션 속에 녹아있었다.
애니메이션만이 갖는 풍부한 색감은 화려했던 쿠바의 영광을 색칠하면서 현실을 안에서부터 빛냈다.
재즈의 어원은 불분명하다.

다만 분명한건 미국에서 흑인들이 모여 살던 남부 지역,
특히 뉴올리언스를 중심으로 태어났다는 점이다.
이 지역은 미국 남북전쟁과 미국스페인 전쟁의 중심지였다.
연이은 전쟁 기간 동안 뉴올리언스 해군기지에 군악대가 모여들었다.
버려지고 부서진 악기를 흑인들이 주워갔다.
몸 성한 악기도 별로 없었지만,
그들은 부족하면 부족한대로 고장난 악기로 즉흥 연주를 했다.
그런 이유로 뉴올리언스 초기의 재즈를 들어보면
어딘지 우스꽝스러운 군 행진곡 느낌이 묻어난다.

☆

"Beautiful, seductive and spellbinding" ★★★★
"One for all the hopeless romantics out there" ★★★★
Chico & Rita
love is a song you never forget
15
TELLURIDE
TORONTO
chicoandrita.co.uk

5

부에나 비스타 소셜 클럽

소울 충만하고 흥이 많은 쿠바노들에게 음악은 떼어낼 수 없는 삶의 일부였다. 피델 카스트로가 정권을 잡기 전까지 말이다. 피델의 혁명 정부가 들어서자 이전의 예술 활동들, 특히 음악은 제국주의적이란 낙인이 가장 먼저 찍히고 만다. 그리하여 1950년대 초반까지 아바나를 수놓았던 '부에나 비스타 소셜 클럽'을 비롯한 많은 클럽들이 문을 닫았고, 화려한 스포트라이트를 받았던 뮤지션들은 악기 대신 구두를 닦으며 늙어갔다.

잊혀졌던 쿠바의 전통음악이 다시 주목을 받기 시작한건, 독일의 거장 '빔 벤더스(Wim Wenders)'가 1999년에 영화「부에나 비스타 소셜 클럽」을 세상에 선보이면서 부터다. 영화는 잊힌 쿠바 음악을 찾아 나선 미국 프로듀서가 만난, 늙은 쿠바 뮤지션들의 이야기다.

영화는 '역사상 가장 강렬한 다큐멘터리'라는 평가를 받았고, 단 6일 만의 녹음으로 완성된 영화의 OST는 출시와 함께 그래미와 빌보드 차트를 휩쓸며 전 세계에 쿠바 재즈 열풍을 불러 일으켰다.

2015년, 쿠바와 미국간의 국교정상화를 기념하기 위해 재개봉 하였고, 2017년에는 밴드의 마지막 월드투어 과정을 담은「부에나 비스타 소셜 클럽 2: 아디오스」가 개봉했다.

☆

BUENA VISTA
Social Club
UN FILM DE WIM WENDERS
부에나 비스타 소셜 클럽
RY COODER   IBRAHIM FERRER   RUBEN GONZALEZ   ELIADES OCHOA   OMARA PORTUONDO   COMPAY SEGUNDO
2015.11

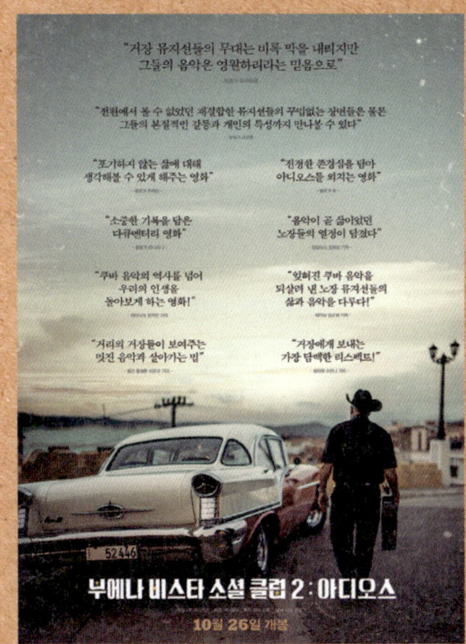
"거장 뮤지션들의 무대는 비록 막을 내리지만
그들의 음악은 영원하리라는 믿음으로"

"전편에서 볼 수 없었던 괴결합한 뮤지션들의 꾸밈없는 장면들은 물론
그들의 본질적인 갈등과 개인의 특성까지 만나볼 수 있다"

"포기하지 않는 삶에 대해
생각해볼 수 있게 해주는 영화"

"진정한 존경심을 담아
아디오스를 외치는 영화"

"소중한 기록을 담은
다큐멘터리 영화"

"음악이 곧 삶이었던
노장들의 열정이 담겼다"

"쿠바 음악의 역사를 넘어
우리의 인생을
돌아보게 하는 영화!"

"잊혀진 쿠바 음악을
되살려 낸 노장 뮤지션들의
삶과 음악을 다루다!"

"거리의 거장들이 보여주는
멋진 음악과 살아가는 법"

"거장에게 보내는
가장 담백한 리스펙트!"

부에나 비스타 소셜 클럽 2 : 아디오스
10월 26일 개봉

6

화려함으로 물든 도시

돈이 넘쳐흘렀다.

새로운 투자처를 발견한 투자자들은 쿠바에 막대한 돈을 쏟아 부었다.

낮에는 캐러비안을 따라 휴양을 즐기러 온 관광객들로 도시가 북적였고,

밤에는 돈세탁을 위해 건너온 마피아들로 북적였다.

목적은 달랐지만 모두가 달러를 들고 쿠바로 왔다.

음악과 술, 도박과 마약을 따라 돈이 흘렀다. 거리 곳곳마다 돈의 때가 묻어있었다.

금주법을 피해 미국인들은 바로 옆 나라 쿠바로 향했다.

미국과 쿠바 사이의 거리는 불과 140㎞에 불과하다.

모든 일탈이 미국이 아닌 쿠바에서 벌어졌다.

쿠바는 미국인들의 천국이 되었다.

☆

#7

여유

부서지고 벗겨진 그대로도 충분하다.
낯선 풍경이 익숙해지기 시작했다.
나와 닮은 얼굴들이 보이기 시작했다.

People are people.

쿠바는 아이러니로 가득하다.

그리고 대부분의 아이러니는 돈 문제다.

우리와 같았다.

자동차를 가진 사람이 쿠바에서 몇이나 될까.

올드카 사이로 현대, 기아의 엠블럼도 보였고 BMW, 벤츠 아우디도 섞여 있었다.

쿠바는 자동차를 최고 사치품으로 규정해서 엄청난 세금을 물린다.

세상 모든 차가 바다 건너 쿠바에 가면 2배, 3배는 우습게 가격이 뛰었다.

대사관 차량이 아님에도 비싼 수입차가 길거리에 굴러다녔다.

현지인들은 덤덤한 척 했지만, 나는 그들이 느낄 허무한 박탈감의 깊이를 가늠조차 할 수 없었다.

단지 오늘날 자본주의 사회 속에서 우리가 느끼는 그 기분과 같을 거라 어림잡을 뿐이었다.

의사 월급이 20만 원이고 버스 요금이 50원인 나라다.

관광지에서 만난 현지인 청년은 자기와 같이 가난에 힘들어 하는 쿠바 아이들을 위해 기부금을 구걸하는 일을 업으로 했다.

서툰 영어가 그의 친절한 목소리에 묻혔다.

기부를 부탁하며 건넨 손이 다가왔다.
나의 눈은 그 손끝을 따라 그의 발끝으로 향했다.
그가 신은 새하얀 라코스테 운동화에서 한참을 눈을 떼지 못했다.
이곳과 어울리지 않는 신발이었다.
지금, 여기, 가까운 곳에 쿠바의 아이러니가 있었다.

☆

104

4,

바티스타와 마피아

PART
4

AGE OF DICTATORSHIP

혼돈과 혼돈

반란이 일자 마차도는 계엄령을 선포했다. 풀헨시오 바티스타는 백인이 아닌 토착 원주민 출신으로 계엄령이 선포될 당시 군 부사관이었다. 그는 군인으로서는 처음으로 마차도에게 반기를 들었다. 진압 명령에 불복종하고 오히려 반정부 세력을 끌어 모았다. 사태가 커지자 미국은 마차도의 퇴임을 요구했다. 그길로 마차도는 미국으로 도망갔지만 쿠바는 아무 것도 변한 게 없었다. 혼란이 끊이지 않았다. 하루살이 정권이 계속되었다. 그 하루살이 정권을 차지하기 위해서 많은 사람들이 죽어나갔다.

바티스타는 정치 감각이 좋았다. 미국의 선택을 받는 쪽이 결국 이 하루살이 싸움의 승리자가 된다는 사실을 잘 알았다. 미국은 공산주의자만 아니면 쿠바에서 누가 정권을 잡든 신경 쓰지 않았다. 그저 사태가 조용하고 깔끔하게 정리되길 원했다.

1933년, 바티스타가 정치 전면에 등장했다. 군 고위 장성을 포함한 권력의 핵심세력 100여 명을 나시오날 호텔로 초청해 회의를 열었다. 그들을 그곳에 가둬두고 총을 갈겼다. 꽉 차있던 모든 권력이 순식간에 공석이 되었다. 한 방의 쿠데타로 바티스타는 쿠바의 정점에 섰다. 쿠바의 공산주의화에 대한 미국의 두려움이 줄었다. 미국은 앞서의 혼돈보다 차라리 약삭빠르고 충성스러운 권력자가 편했다. 마차도 시대가 끝나고 바티스타 시대가 열렸다.

화려한 혼돈의 바다

헤밍웨이는 쿠바의 혼돈을 사랑했다.
우연히 놀러왔던 그는 쿠바의 럼과 바다에 빠져
이곳에 눌러앉아 생의 마지막 작품을 위한 글을 썼다.
말레꼰에 엉덩이를 붙이면,
그가 왜 『노인과 바다』를 썼는지 자연스레 이해되는 순간이 온다.
그는 내가 느끼는 이 먹먹함을
글로 적어내는데 성공했을 뿐이다.
말레꼰 바다 위로 피어나는
오만 가지 감정이 헤밍웨이의 길을 따라 글로 옮겨졌다.
헤밍웨이는 전형적인 마초였다.
글쓰기를 제외하고 그가 평생을 걸쳐 좋아했던 것은 단 세 가지뿐이다.
사냥, 시가 그리고 럼.
그런 면에서 그는 누구보다 피델 카스트로와 비슷했지만
1959년, 피델이 혁명이 일으키자 헤밍웨이는 쿠바를 떠났다.

3

헤밍웨이의 모히또

헤밍웨이는 쿠바의 럼을 특히나 좋아했다. '캐러비안 해적들의 술'이라 불리는 럼은 사탕수수로 만든 증류주다. 다른 술에 비해 값이 싸고 독해 오랜 기간 거친 바다를 누벼야 했던 해적들의 좋은 벗이 되었다.

럼은 달콤 투박한 그 독특한 맛 덕분에 각종 칵테일의 베이스로 사용된다. 쿠바는 럼의 본고장으로, 대표적인 럼 브랜드로 알려진 '바카르디(BACARDI)' 역시 쿠바혁명 때 영국으로 본사를 이전하기 전까지 쿠바의 자산이었다. 이후, 쿠바 정부는 '아바나 클럽(HAVANA CLUB)'이라는 이름의 럼 국영 브랜드로 왕좌의 빈자리를 메꿨다.

"나의 모히또는 '라 보데기타 델 메디오'에, 나의 다이키리는 '엘 플로리디타'에 있다"고 전해지는 헤밍웨이의 말을 따라 그곳으로 향했다.

Un mojito, por favor. (모히또 한 잔 주세요)

말이 끝나자 바텐더는 미리 재료를 담아 준비해둔 잔을 꺼냈다. 그리고 탄산수 조금과 한 가득의 럼을 따랐다. 아바나 클럽이 얼음 위로 한참을 넘쳐흘렀다. 쿠바에서의 칵테일이 유난히 맛있게 느껴지는 이유다.

헤밍웨이는 이곳 쿠바에서 고독한 노년을 보냈다. 한동안 이렇다 할 작품을 내놓지 못해 괴로워했다. 문장의 끝이 무뎌졌고 스토리는 녹이 슬었다. 나이 들어감에 따라 그의 글 역시 힘없이 늙어갔다. 한동안 잠잠했던 우울증과 발작증세가 다시 그를 휘감았다. 그럴 때면 헤밍웨이는 이곳을 찾아 칵테일과 럼을 연거푸 들이키고 한 문장씩 겨우 써내려갔다.

"오늘은 고대하던 85일째다."

LA BODEGUITA
DEL MEDIO

Havana Club
El Ron de Cuba
Havana Club

삶의 끝자락에 선 그의 마지막 작품, 『노인과 바다』(1952)는 이곳에서 그렇게 탄생했다.

그는 평생 동안 죽음에 쫓겼고 사냥을 통해 죽음을 쫓았다. 그는 1918년 1차 세계대전에 운전병으로 복무 중, 포탄 파편에 맞아 생과 사의 경계를 넘나들게 된다. 이때의 경험을 바탕으로 『무기여 잘 있거라』(1929)를 출간했고, 스페인 내전에 종군기자로 참여해서 쓴 『누구를 위하여 종은 울리나』(1940)로 20세기 영미 문학사에 획을 긋는다. 허무주의적이고 투박한 그의 문체는 두 번의 세계전쟁과 냉전시대의 참혹함을 적나라하게 드러낸 차가운 메스였다.

누군가는 생전에 낚시와 사냥에 탐닉된 그의 모습을 보고 헤밍웨이가 죽음을 사냥하며 삶과 맞서 싸워나갔다고 이야기 한다. 그렇지만 연이은 우울증 치료와 수차례의 자살시도 끝에 엽총으로 스스로의 생을 마감한 그에게 삶이란 싸움이라기보다 버텨내는 일 그 자체였을 것이다.

84일 동안 물고기를 잡지 못한 힘없고 무기력한 늙은 어부 산티아고. 헤밍웨이는 산티아고가 되어 그의 서러운 외로움을 나눴고, 그와 함께 삶을 버텨냈다.

그날도 틀림없이 어디선가 칵테일을 마시고 있었을 거다.

헤밍웨이는 우연히 쿠바 코히마르(Cojimar) 출신의 늙은 어부를 만나 그의 이야기를 듣게 된다. 뱃사람 특유의 약간의 허풍과 호기가 더해졌을까. 그는 며칠 전 자신이 거대한 황새치와 단 둘이 바다 위에서 이틀 밤낮을 꼬박 샌 대사투에 대해 열변을 토했다. 헤밍웨이는 이 말에 매료되어 그 길로 항해사와 작은 배를 타고 바다로 나간다. 비록 늙은 어부가 말한 황새치는 없었지만, 다른 배라곤 전혀 보이지 않는 망망대해에서 헤밍웨이는 눈을 감고 한참을 생각에 빠졌다. 아마 바로 이 순간부터 『노인과 바다』는 그의 것이 되었을 것이다. 평생을 정신착란과 우울증에 빠져 힘겨워 했던 그에게 바다는 어떤 의미의 공간이었을까. 바다에서는 누구도 혼자가 아니라는 사실을 깨달았을까.

☆

노인은 바다를 둘러보다 문득 외로움이 북받쳐 올랐다.

하지만 깊고 어두운 바다 속에서 영롱하게 빛나는 무지갯빛과

앞으로 쭉 뻗어나간 낚싯줄,

잔잔하지만 신비롭게 너울대는 파도가 눈에 들어왔다.

무역풍이 불면서 구름까지 뭉게뭉게 모여들고

저 앞쪽 바다 위에서 청둥오리 떼가

하늘을 배경 삼아 선명하게 대형을 이뤘다가 흩어지고 다시 이루었다.

그 모습을 보며,

바다에서는 누구도 혼자가 아니라는 사실을 노인은 깨달았다.

— 어네스트 밀러 헤밍웨이의 『노인과 바다』 중

『노인과 바다』는 헤밍웨이가 글을 쓰기 시작한지 13년이 지난 1952년 출간되어,

헤밍웨이에게 퓰리처상(1953)과 노벨 문학상(1954)을 선물했다. 그의 마지막 작품이었다.

#4

WW2

2차 세계대전에서도 쿠바는 전력의 요충지였다.

1941년, 미국이 참전을 결정했고

덩달아 쿠바도 반히틀러 연합에 합류한다.

쿠바는 미국의 보급기지로 각종 필요한 물자를 지원했다.

쿠바는 전과 마찬가지로 2차 세계대전으로 막대한 경제적 부를 거머쥐었다.

전쟁은 파괴되는 만큼 남는 장사였다.

한쪽이 황폐해질수록 다른 한쪽은 부유해졌다.

쿠바에서는 바티스타가 가장 많은 돈을 벌었다.

그 다음은 미국의 마피아들이 챙겼다.

그 돈으로 수도 아바나와 휴양도시 바라데로의 해변을 따라

호텔과 카지노가 잇달아 생겨났다.

그들은 부자가 되었다.

마피아에게 쿠바는 천국이었다.

5

호텔 나시오날

1946년 12월, 바티스타가 정적들을 숙청한 호텔 나시오날에서 미국과 유럽의 마피아들이 모였다. 미국 마피아계의 대부 마이어 랜스키가 주도한 모임이었다. 찰스 럭키 루치아노 같은 이탈리아 마피아 거물은 물론, 프랭크 시나트라를 포함한 연예계 유명 인사들도 포함돼 있었다. 이곳에서 마피아는 이미 지하세력이 아니었다. 2차 세계대전 종전 이후의 세력 범위를 재설정하고 쿠바에서 벌어들인 전리품의 배분을 논의하는 자리였다. 바티스타 정부와 경찰은 침묵의 대가로 마피아로부터 막대한 돈을 받았다. 악취를 풍기는 꽃에서 화려함이 피었다.

☆

밤레꼰을 걷는 일 자체가 여행이었다. 밤레꼰의 왼쪽과 오른쪽은 다른 얼굴을 하고 있
었다.

　높지 않은 방파제 위로 파도의 파편이 유리가루처럼 튀어 올랐다. 그 사이로 여태 경
험하지 못했던 색들이 보였다. 색은 어둠 속에서도 꿋꿋하게 빛을 흡수했다. 밤의 말
레꼰을 배경으로 한 쿠바의 모든 풍경이 빛났다. 여태 무너지지 않고 버텨낸 건물들이
힘없이 줄을 서 있다. 그 바로 앞 말레꼰에서 낚시하는 부부는 내일 먹을 생선반찬을
구하고 있었다. 생선 배급이 끊긴지 오래였다. 기타 치는 남자는 그들을 배경 삼아 지
나간 어제를 노래했다. 이곳에서 연주하는 이들의 선곡은 대개 비슷하다. 영화「부에
나 비스타 소셜 클럽」에 나온 대표곡들을 적당히 리믹스하거나 아니면 우리나라의 강
남스타일 같은 데스빠시토를 부르면서 관광객들의 호응을 이끌어낸다. 쿠바의 월 평
균 소득이 20만 원 미만임을 고려해볼 때, 이들은 밤레꼰에서 잠깐의 연주로 꽤나 짭짤
한 수익을 올린다. 기타 치는 남자는 팁을 구걸하지 않았다. 한 곡이 끝나고 몇 분이 흘
렀지만 다음 노래는 좀처럼 이어지지 않았다. 나는 기다렸고 그는 기타 줄을 옭아맸다.
지루한 튜닝이 이어졌고 단음의 튜닝음이 부서지는 파도 소리에 묻혔다. 그가 다시 기
타를 집어 들었고, 나는 그 순간을 놓칠 새라 사진에 담았다.

258

쿠바의 모딜리아니, 쿠바의 고흐

그날도 자전거를 타고 골목을 누비고 있었다.

골목에 앉은 노인의 시선이 느껴졌다.

그는 불규칙한 형태로 갈기갈기 찢어진 종이쪼가리에 그림을 그리고 있었다.

반으로 접은 신문지를 캔버스 마냥 뒤에 댔다.

그게 그의 이젤이었다.

연필을 잡은 그의 손에서 고흐의 아우라가 보였다.

나는 그에게, 당신의 그림이 고흐처럼 다가왔다고 말했다.

그는 나에게, 고흐가 누군지 모른다고 말했다.

그는 그저 그만의 그림을 그려나갈 뿐이었다.

여기서는 고흐가 중요하지 않았다.

누가 얼마나 대단한지보다,

그저 나다움만이 중요한 세상이었다.

REVOLUTION

혁명

Coca-Cola Cuba;

5

몬카다
병영 습격사건
(1953)

PART
5

REVOLUTION

바티스타의 복귀

1952년, 정계 은퇴를 선언했던 전직 대통령 바티스타가 돌아왔다.

그는 재임기간 동안 악착같이 번 돈을 기어코 전용기 3대에 나누어 플로리다로 가져 갔다. 1944년, 그는 은퇴했지만 그가 쿠바 사회 곳곳에 뿌려놓은 부패의 씨앗은 이제 막 열매를 맺었다.

바티스타의 사업 파트너 마피아 대부 마이어 랜스키가 그의 복귀를 위한 자금을 댔 다. 랜스키는 바티스타에게 수천만 달러를 내고 쿠바에서 아무 불편함 없이 카지노, 호 텔, 마약 등의 사업을 해댔다. 그러나 독재자의 복귀는 생각보다 쉽지 않았고 선거 결 과 역시 불확실했다. 군인 출신 바티스타는 결국 자기만의 방식대로 문제를 해결한다. 군대를 모아 쿠데타를 일으켰다. 쿠테타로 정권을 잡은 그는 가장 먼저 입고 있던 군복 을 벗어 던졌다. 조국 쿠바의 민주주의를 위해 자신이 복귀했음을, 대중에 알리고자 무 대 위에서 친히 연기를 했다. 그 약속으로 군 세력을 대대적으로 숙청했다. 쿠데타에 협조했던 파트너들의 목이 길바닥에 굴렀다. 그리고 그 자리를 대신 할 새로운 조직을 육성한다. 새로운 파트너로 경찰 조직이 낙점되었고, 바티스타는 경찰 규모를 대대적 으로 확대해 나갔다. 경찰은 군대보다 더욱 촘촘하게 연결망을 구축해 있었고 사람들 의 일상을 통제하는데 군대보다 적격이었다. 그로부터 쿠바에서는 사람들에 대한 체포 와 고문이 일상이 되었다. 군사 독재정부가 막을 내렸지만 경찰 독재정부가 시작되었 다. 그렇게 그는 새로운 독재자가 되어 쿠바로 돌아왔다.

☆

카스트로 형제의 등장

피델 카스트로와 라울 카스트로는 5살 터울의 형제다.

그들의 아버지 앙헬 카스트로는 미국-스페인 전쟁에 참전했던 전직 스페인 군인이었다. 제국이 몰락하며 일자리를 잃은 앙헬은 기회의 땅 쿠바에 정착한다. 다소 낙후되어 있던 쿠바의 동쪽에 정착한 그는 일용직 노동자로 시작해 인생 역전을 일궈낸다. 당시 쿠바에서 성공하기 위해서는 미국인과 거래 가능한 백인이 유리했다. 이 실낱같은 기회를 놓치지 않았다. 카스트로 형제의 피가 말해주듯, 앙헬은 거침없는 카리스마와 과감한 사업수단으로 정착 10년 만에 지역에서 손꼽히는 사탕수수 농장의 대지주가 된다.

1926년에 태어난 피델은 라울과 함께 예수회학교를 졸업하고 아바나 대학교에 입학한다. 그리고 그는 변호사의 길을 선택한다. 부패한 정권에 맞서 직접 여러 무장단체를 조직했다. 1947년, 이웃 국가인 도미니카 공화국에서 혁명이 일어나자 피델은 그곳으로 건너가 총과 수류탄의 사용법을 배워왔다. 하지만 피델은 당시의 수많은 학생지도자 중 한 명이었을 뿐이었다. 그는 그다지 인지도가 높지는 않았다. 1953년 몬카다 병영 습격사건이 있기 전까지는 말이다.

☆

·CAPITOLIO·

136

3

피델 카스트로

"역사가 나를 무죄로 선고할 것이다."

1953년, 몬카다 병영습격 주도 혐의로 사건으로
체포된 피델이 마지막 자기 변론에서 남긴 말이다.
혁명가 피델 카스트로의 이름이 쿠바 전역에 알려졌다.

"쿠바 혁명을 위한 전쟁이 끝나면 더 길고 큰 전쟁이 시작될 것이다."

쿠바 혁명의 성공이 임박해왔을 때부터
피델은 이것보다 더 큰 전쟁이 기다리고 있음을 직감했다.
조국 쿠바에서 미국을 비롯한 제국주의 세력을
몰아내는 전쟁이야 말로 피델의 진짜 전쟁이었다.

1926년, 피델 카스트로는 부유한
쿠바 지주의 사생아로 태어났다.
아버지 앙헬 카스트로는 퇴직 스페인 군인출신으로
빈손으로 쿠바로 건너와 사탕수수 농장의 대지주로 자수성가한 인물이다.
당시 쿠바의 사회 분위기는 사생아를 철저하게 무시하였으므로
피델 카스트로와 동생 라울 카스트로 역시
사탕수수 농장의 노예들과 함께 먹고 지내면서 자랐다.
이런 환경 속에서 피델은 자연스럽게
자기 정체성에 대한 혼란을 겪었고
노예들이 처한 불합리하고 열악한 환경에도 관심을 갖게 된다.
폭력적이고 반항적으로 커가자 아버지 앙헬은
피델과 라울을 예수회 기숙학교로 보낸다.

☆

190㎝가 넘는 장신의 피델은 야구와 농구를 특히 잘했고
경쟁심이 지나치게 강해
그가 있는 곳에는 항상 싸움이 끊이지 않았다.
어느 모임에서든지 우두머리가 되어
앞장서는 걸 좋아했던 탓인지,
피델은 일찍부터 정치에 관심이 있었고
정치적 지도자가 되기 위해
아바나 대학교에 진학해 변호사 자격증을 취득한다.
대학에서도 유명한 학생운동 지도자로 명성을 떨쳐
자기 조직을 만들고 도미니카 공화국으로 건너가
군사훈련을 받았다.
당시의 대부분의 중남미 국가들은
하루가 멀다 하고 쿠테타와 반란의 연속이었는데,
피델 카스트로는 중요한 역사적 현장에 빠짐없이 등장했다.
1948년, 부유한 집안 출신 피델 미르타와 결혼하여
쿠바 상류층의 삶에 진입했지만 5년 뒤인
1953년, 바티스타 독재정권을 전복시키기 위해
몬카다 병영 습격사건을 주도하며 구속된다.
특별 사면된 이후 멕시코로 건너가
체 게바라를 만났고 그와 함께 쿠바 혁명을 준비한다.
1959년 마침내 쿠바 정권을 장악한 피델은
이때부터 서서히 미국과의 관계에 선을 긋는다.
이어 소비에트연합에 합류하였다가
연합이 붕괴하자 독자적인 노선을 걷는다.
그는 2016년 세상을 떠날 때까지
세상에서 가장 유명한 반미주의자이자 독재자, 그리고 혁명가였다.

☆

ietes a nue

CONTINUAMOS
DEFENDIENDO LA
REVOLUCION
CDR

¿porque Fidel?(왜 피델을 좋아하죠?)

당연한 이야기지만, 모든 쿠바 사람들이 카스트로 형제, 특히 피델 카스트로를 좋아하는 건 아니다. 급진적인 피델보다는 다소 온건적인 현재의 라울 정권을 더 좋아하는 사람들도 많았고, 피델이든 라울이든 둘 다 쿠바 최고의 재앙이라고 분노하는 이도 적지 않았다.

대개 택시 운전이나 숙박업, 요식업 같은 관광객을 대상으로 한 신사업에 종사하는 이들은 피델과 그 혁명에 대해 중립적이거나 부정적인 평가를 했다. 반대로 관광과 상관없는 일을 하는 사람들은 피델을 지지하는 경우가 많았다. 거기다 흔히 1960~1970년대, 이른바 혁명시기를 겪은 세대라면 그 지지의 목소리가 더욱 컸다.

체 게바라의 거대한 철제 조형물을 보기 위해 혁명 광장으로 가는 길이었다. 자전거가 제대로 된 방향으로 가고 있는 게 맞는지, 지나가던 중년 여성에게 물었다. 여자가 말했다.

Derecho. Todo recto esta calle. ¿Qué pasa? 쪽 가면 돼요. 그런데 왜 굳이, 거기를 가려고 하죠?

나는 관광객 필수 코스라 의무적(tengo que)으로 가야만 한다는 너스레와 함께, 당신은 체게바라를 좋아하느냐는 바보 같지만 정말 궁금했던 질문을 했다. 그 말에 우리 둘 다 웃었다. 세상에는 쉽게 묻고 쉽게 대답될 수 없는 질문들이 있는데, 이것도 그 중 하나였을까. '아차' 싶은 순간이 찾아왔다. 다행히도 그때, 답이 돌아왔다.

Si, Claro(응, 물론이죠.)

한 번 더 용기를 냈다. 가장 궁금했던 질문.

¿porque Fidel?(피델은? 왜 피델을 좋아하죠?)

☆

대답

이방인의 시선은 자유롭다.

꼬이고 꼬인 실타래 같은 일상 속에서 한 발자국 떨어져서 바라볼 수 있기 때문이다.

나는 이곳에서 이방인이 되어 쉽게 질문했고 질문의 내용에는 거리낌이 없었다.

그저 돌아가면 그만이었다.

어떤 대답이든 수용 가능했다.

사실 나에게 피델이 혁명가인지 독재자인지 하는 문제는 중요하지 않았다.

모든 걸 이해하려는 척은 했지만, 어떤 것도 마음으로 받아드리려 하지는 않았다.

여행에서까지 무거운 일상의 짐을 안고 싶지는 않았다.

내가 살고 있는 곳의 문제만 해도 벅찼다.

누가 나에게 오늘날 대한민국의 정치상황에 대해 묻는다면.

사드와 친미, 친중에 대해 날카로운 질문을 한다면 나는 뭐라고 대답할 수 있을까.

내 질문에 또 다시 둘 다 웃었다.

그녀도 나와 같았다.

명쾌한 대답은 없었다.

그녀도 어느 낯선 나라에서는 나와 같은 이방인일 거다.

나에게 다가와 이렇게 물어올지도 모르는 일이다.

¿ De dónde eres? Corea? Norte?(어디서 왔어? 한국? 설마, 북한에서 온건 아니지?)

☆

66

#6
혁명의 도화선

몬카다 병영은 우리나라로 치면 부산에 있는 군사령부다.

카스트로 형제는 그곳을 공격해서 무기를 탈취하고 혁명을 일으킬 계획이었다. 요새를 공격하기 위해 그들은 100여 명의 소규모 조직을 소집하고 전략을 세운다. 무모하다는 말이 아까울 정도로 미친 짓이었다.

도시 전체가 일 년에 한 번 열리는 축제에 취해있을 때 몬카다 병영 맞은편에 위치한 시민병원 옥상에 불을 지른다.

그러면 병원에 있는 사람들이 당황해서 모두 뛰쳐나간다.

당황한 소방관들과 군인들이 화재 진압을 위해 허둥지둥한다.

도시 전체가 마비된다.

그 빈틈을 노려 사령부 공격, 무기고 탈취, 병영을 점령한다.

그런 말도 안 되는 계획이다.

1953년 7월 26일, 카스트로 형제는 이 무모한 계획을 실행에 옮긴다. 이때 성공한 거라곤 병원 옥상에 계획대로 불을 지른 일밖에 없었다. 병영에 침투하게도 전에 군 순찰대에 적발되어 경보가 울렸다. 변변한 무기조차 없는 130여 명의 조직원들 중 80여 명이 그 자리에서 총에 맞아 즉사했다. 카스트로 형제는 구속되었고 다음날 바티스타는 몬카다 병영을 찾아왔다. 자신의 정부를 무너뜨리고자 했던 이들의 초라한 무기를 보고 바티스타가 웃었다.

아이러니한 건, 지지자들이 피델에 열광하는 이유가 다름 아닌 이 '미친 무모함'에 있지 않을까 하는 생각이었다. 정상적인 사고를 하는 사람이라면 이런 공격은 못한다. 현

☆

실 가능성이 없기 때문이다. 카스트로 형제에게 결과는 늘 두 번째 문제였다. 그들에게
는 자신들이 옳다고 생각하는 것을 행동에 옮기는 것이 첫 번째였다. 그 방식은 언제나
즉흥적이고 아마추어다웠다. 이게 먹혔다.

피델을 평가하는 여러 표현 중 다음의 것이 가장 눈에 들어왔다.

'혁명 당시의 피델은 미치광이이자, 자유의 돈키호테였다.'

쿠바를 다니다보면 자주 보게 되는 '26 de Julio'은 이날,

1953년 7월 26일을 기념하기 위한 표식이다.

☆

145

6

그란마 상륙작전
(1956)

REVOLUTION

카스트로 형제는 구속되었다. 누구나 사형을 예상했지만, 워낙 충격적인 스캔들이었고 여론이 중요해서 조심스러웠다. 거기다 피델의 장인이 한 청원이 먹혔다. 카스트로 형제는 겨우 징역 15년형을 선고받았다. 여기서 뜬금없이 피델의 장인이 등장한 이유는, 그가 그만큼 쿠바에서 영향력이 있는 존재였기 때문이다. 피델은 몬카다 병영 습격을 하기 5년 전인 1948년, 결혼을 했다. 장인은 바티스타 전 정권에서 내무장관을 역임한, 전통적인 쿠바 상류층 출신이었다. 피델 카스트로는 피델 카스트로였다. 쿠바 상류층의 달콤한 삶도 그의 의지를 막지 못했다. 장밋빛 삶이 눈앞에 펼쳐졌지만, 피델은 아무것도 타협하지 않았다.

그의 첫 번째 혁명은 완전한 실패로 끝났다. 바티스타는 계속해서 독재정권을 유지했고 쿠바는 그대로였다. 그러나 피델이 살아남았기에 실패한 혁명도 의미를 간직했다. 이를 계기로 피델이 쿠바의 미래 지도자가 되어야 한다고 믿는 사람들이 생겨났다. 변호사이기도 했던 그는 재판에서 스스로를 변론하며 '역사가 나를 무죄로 하리라'는 그 유명한 최후 진술을 남겼다.

구속 11개월 만에 카스트로 형제는 자유의 몸이 되었다. 바티스타는 이들을 석방하면서 정권의 공고함과 대범성을 과시했다. 풀려나자마자 피델과 라울은 쿠바를 떠나 멕시코로 이주하여 두 번째 혁명을 예고했다. 그리고 이곳에서 모터사이클 다이어리를 끝내고 의사가 된, 에르네스토 게바라를 처음으로 만난다. 피델과 에르네스토는 처음 만난 자리에서 10시간 동안 각자의 삶을 공유했고, 대화가 끝났을 때 둘은 같은 혁명을 꿈꾸게 되었다. 제국주의로부터의 남아메리카 해방을 위한 혁명가의 길이 둘 앞에 놓였다. 이때부터 에르네스토 게바라는 체 게바라가 되었고 피델과 함께 쿠바혁명에 뛰어든다. 이후 몇 달 동안 쿠바에 침투하기 위한 군사 훈련이 진행되었다.

#2

체의 일기

나는 '의사로서 의료에 전념할 것인가' 아니면
'혁명군으로서 내 의무를 다할 것인가' 사이에서
양자택일을 해야 하는 기로에 섰다.
내 앞에는 의약품으로 가득 찬 배낭과 탄약통이 있었다.
이것을 둘 다 짊어지고 가기에는 너무 무거웠다.
나는 배낭은 남겨둔 채 탄약만 집어 들었다.

☆

151

Hasta la
victoria
siempre

18인승 중고 요트

피델은 혁명을 위한 기금을 마련하기 위해 미국으로 향했다. 사람들을 모아 연설을 하고 혁명 계획을 설명해서 돈을 받아냈다. 그는 연설 내내 독립 영웅 호세 마르티를 이야기했다.

그리고 1956년 11월, 피델은 십시일반 모은 돈으로 바티스타의 쿠바를 전복시킬 요트를 장만했다. 그란마(GRANMA)라 불리는 18인승 중고 요트였다. 낡고 버려진 조그만 배에 82명이 타는 것 자체가 기적이었다. 그 기적을 안고 중고 요트는 유유히 출항했고 전설이 되었다. 18인승 그란마 호는 쿠바혁명의 상징이 되었다.

멕시코를 출발한 그란마는 과적 탓에 얌전한 물결과 부드러운 파도에도 심하게 출렁거렸다. 거기다 때마침 캐러비안을 강타하는 폭풍우를 만난다.

항해경험이 없었던 대부분의 혁명군은 배에서 시체처럼 쓰러졌다. 당초 계획보다 사흘이나 늦게 쿠바 남동쪽에 도착하는 바람에 내륙에서 합류하기로 한 지원군을 잃었다. 대신 그들을 기다리고 있던 바티스타 군대와 마주했다. 자동화기로 무장한 군대 사이로 그란마 호가 상륙했다. 3년 전의 몬카다 병영습격 사건이 데자뷰처럼 스쳐갔다.

폭격 속에서 82명 중 15명 만이 살아남았다. 상륙과 동시에 대부분이 사망했다. 후에 체 게바라는 이때를, 그건 상륙이 아니라 '난파'라고 회상했다. 살아남은 이들은 힘겹게 산으로 도망쳤다.

모든 매체가 쿠바 정부가 피델이 이끄는 공산주의 반란군을 전원 사살하여 제압했다는 속보를 내보냈다. 바티스타 정권을 무너뜨리려던 피델의 혁명은 또 다시 실패하는 것처럼 보였다.

라디오스타

상륙 후 몇 개월이 지난 어느 날이었다. 뉴욕타임즈 1면 상단 전면에 피델의 사진이 실렸다. 뉴욕타임즈 기자 허버트 매튜스가 시에라 마에스트라 산맥으로 피델을 만나러 갔고, 단독 인터뷰를 따왔다. 뉴욕타임스는 피델을 현대판 로빈 후드에 비유했다. 피델은 자신이 공산주의자가 아니라 그저 독재정부에 반대하고 입헌정치를 바라는 미국의 친구라고 스스로를 소개했다. 피델의 유려한 언변과 대담한 행동, 그리고 카리스마에 대중들이 열광했다. 피델과 혁명군의 인기가 치솟았고 미국 역시 상황을 주시하기 시작했다.

쿠바의 구세주로 비춰지기를 원한 피델은 독립영웅 호세 마르티를 따라했다. 쿠바 외부에서 내부로 침투해 게릴라전을 일으킨다. 그 다음, 전투를 장기전으로 끌고 간다. 그러면서 쉼없이 내분을 일으켜 내전으로 전선을 확대해 정부를 전복시킨다. 피델의 능력이 빛을 발한 건 전투보다 선동에서였다. 그는 대중매체를 능수능란하게 다뤘고 모든 여론을 자기편으로 이끄는 힘을 가졌다. 마이애미에서도 들을 수 있을 정도의 강력한 송신기를 산 위에 세워 라디오 방송을 했다. DJ 피델은 가장 인기 있는 라디오스타였다. 쿠바의 대중들과 미국과 주변국 모두에게 쿠바혁명의 정당성과 바티스타 정권의 타락성을 설명하여 쿠바 내외부의 다른 혁명 집단을 하나로 묶었다. 게릴라군에 가담하는 숫자에 가속도가 붙었고 바티스타 세력은 균열이 가기 시작했다.

쿠바와 미국에 있는 모든 사람이 피델을 응원했다. 여론을 의식한 미국이 바티스타 독재정권과 깊은 선을 그었다. 굶주린 게릴라보다 균열이 간 바티스타의 군대가 먼저 지쳤다. 1958년 피델은 산에서 내려와 부대를 2개로 나누어 대대적인 선제공격을 시작했다. 이즈음 미국 대사는 바티스타에게 사임을 요구했다. 바로 다음날, 그는 전과 똑같은 방식으로 돈을 싸들고 포르투갈로 도망쳤다. 그리고 그 뒤를 따라 기득권층이 쿠바를 빠져나갔다. 하룻밤 만에 벌어진 일이었다. 대통령궁과 집무실이 싹 비었다. 긴박하고 긴 밤이었다. 18인승 중고요트의 기적이 쿠바를 바꿨다. 피델이 바티스타 정권과 군대를 무너뜨린게 아니다. 피델은 불씨만을 던졌을 뿐, 그들은 스스로 붕괴했다. 쿠바에 변화의 바람이 불었다. 혁명은 성공했고 피델의 꿈이 이루어졌다.

〈1960년 1월 1일 신문의 헤드라인:
쿠바판 로빈 후드의 졸업〉

☆

FOTOS
CARNE · PASAPORTE y VISA
26 DE JULIO
"CARROUSELL"
MERCADO
ARTESANAL
INDUSTRIAL
POR SIEMPRE
FIDEL
Fidel es Pueblo

게릴라전

체 게바라는 의사로 혁명군에 들어왔지만, 거듭되는 전투에서 군사적 능력을 인정받아 사령관이 되었다. 천식으로 제대로 뛰지도 못했던 그였다. 시에라 마에스트라 정착 초기, 게릴라 군은 지역 농부들의 도움을 받아야만 살아갈 수 있었다. 이들은 정부로부터 어떠한 도움과 보호도 받지 못하는 원시적 상태였고 문맹이었다. 그런 그들에게 피델은 정치적 억압과 사회적 궁핍이 없는 새로운 쿠바를 약속했고, 체 게바라는 그들에게 의료 봉사와 읽고 쓰는 법을 가르치면서 새로운 쿠바를 몸소 보여줬다.

A FUERZA
E TU MIRADA
OS GUIA
FIRMES
AS
LAS
ARMAS
¡ A COMBATIR !

졸업식

졸업한 로빈 후드가 권력을 잡았다.

대다수의 기득권층과 부유한 외국인들은 바티스타와 함께 쿠바를 떠났다. 쿠바에 남은 소수의 상류층은 초반까지만 하더라도 피델을 지지했다. 그역시 상류층 출신이었기 때문에 혁명 초반의 뜨거운 열기가 가라앉으면 이전의 기득권층과 같은 모습을 보일 거라고 생각했다.

오판이었다.

당시 미국이 가장 경계한 것은 공산주의 세력의 확대였지만, 미국이 보기에 당시의 피델은 공산주의와는 거리가 멀었다. 그래서 미국 의회는 피델의 쿠바를 합법 정부로 승인했다.

오판이었다.

피델은 권력을 빼앗지 않고 만들어냈다. 기존의 군인을 해산시키고 새로운 사람들로 새로운 군대를 창설했다. 공개 재판을 시작했다. 그동안 권력을 누렸던 많은 기득권층과 그 무리가 죽어 나갔다. 의회도 사법부도 무의미했다. 피델이 쿠바 그자체였다. 몸 풀기가 끝났고 본격적인 개혁이 시작되었다.

먼저 개인이 소유한 토지를 몰수했다. 토지와 건물 소유주는 소유권을 국가에게 양도해야만 했다. 그리고 정부가 주는 만큼의 돈만을 받아갔다. 몰수한 토지를 분배했다. 유래를 찾아보기 힘들만큼 폭력적인 토지개혁이었다. 남아있던 소수의 기득권층과 지주들이 미련 없이 쿠바를 떠났다. 이어 소련산 석유 정제를 거부한 미국 정유회사가 쿠바에서 쫓겨났다. 그 다음으로 미국 기업이 소유하거나 투자한 땅이 압류에 들어갔다. 동산, 부동산 가릴 것이 없었다. 미국과의 관계가 급격하게 식었다.

7

독립 그리고
독재 정부의 시작
(1959)

PART

7

REVOLUTION

#1

평행선

1959년 4월, 피델이 워싱턴 D.C.를 방문했다.

미디어 스타인 그를 보기 위한 언론의 관심이 폭발했다.

피델은 이번 방문을 통해 미국과의 긴장을 완화하고

자신이 세운 혁명 정부의 정당성을 다시금 인정받고자 했다.

만남을 의식한 듯 피델은 방문 내내 자신은 사회주의자가 아님을 강조했다.

그러나 아이젠하워 대통령은 그를 만나주지조차 않았다.

막 시작된 두 정상은 평행선을 달렸다.

CIA는 쿠바 침공을 준비하기 시작했고,

피델은 소련과의 연락이 잦아지기 시작했다.

끝없이 어긋날 관계를 예고하듯….

☆

#2

gamble

체 게바라는 분명한 사회주의자였지만 피델은 아니었다.
혁명 초기까지 피델은 사회주의자도, 자본주의자도 아니었다.
대신 그는 뛰어난 기회주의자였다.
어느 쪽이든 상관없었다.

자신의 목적을 이루기 위해 그는 항상 동시에 여러 게임을 즐겼다.
미국과의 관계가 틀어지자 피델은 주저없이 소련과의 협상 카드를 만지작거렸다.
그는 오로지 자신에게 유리한 카드만을 생각했다.
자본주의니 사회주의니 하는 사상도 그저 오고가는 또 하나의 패에 지나지 않았다.

☆

habana libre

피그만 베이

1960년, 미국 대통령 선거에서 이변이 벌어졌다. 당선이 유력해 보이던 아이젠하워 정권의 부통령 리처드 닉슨이 젊은 케네디에게 패했다. 케네디는 자신의 취임 전부터 준비되고 있던 쿠바 침공 '피그만 작전'의 실행 결정을 망설인다.

직접적으로 미국 정부가 전쟁을 일으키기에는 정치적 리스크가 너무나 컸기 때문에, CIA는 1,000여 명의 쿠바 망명자들을 훈련시켰다. 그리고 비밀리에 이들을 쿠바 피그만 베이에 상륙시켜 피델의 판을 흔들 계획이었다. 소련을 의식한 케네디는 처음에는 쿠바 불간섭을 선언했지만 1961년, 피델이 미국 기업의 토지를 몰수하자 작전 개시를 명령한다.

그 결과, 케네디는 모든 재앙을 겪는다. 침략 실패에 따라 모든 비난의 화살이 그에게 쏟아졌다. 정권의 힘과 명성이 땅에 떨어졌다. 반면 피델은 피그만 전투의 승리를 통해 혁명정부의 정당성을 부여했고 내부 반대세력을 숙청한다. 케네디에겐 재앙이었지만, 피델에겐 기회였다.

이것은 모든 쿠바인을 단결시키는 하나의 상징적 사건이 되었다. 그리고 쿠바는 본격적으로 소비에트연합의 일원이 되어 자본주의의 심장, 미국을 겨냥하는 전초기지로 변했다. 피델은 공식적으로 쿠바가 사회주의 국가임을 선언했다.

작전명: ORTSAC

CIA는 피그만 침공 실패 후 피델을 암살하는 것으로 계획을 변경한다.
마피아를 통해 살인청부업자를 보내고
피델의 내연녀인 마리아 로렌츠를 포섭하여 독살을 시도한 다.
작전명은 카스트로를 거꾸로 한 ORTSAC.

작전은 실패로 돌아갔다.
관계 회복에 대한 모든 가능성이 사라졌다.
스페인으로부터의 독립과 함께 시작된
쿠바와 미국의 길고 긴 공생관계는 그렇게 끝났다.
완전한 악연이 시작되었다.

#5

CLOSED

미국 대사관의 문이 닫혔다.

CLOSED 2

자본주의적인 딱지가 붙은 모든 것의 문이 닫혔다.
북적이던 레스토랑, BAR, 호텔의 문이 닫혔고
길거리에 흐르던 음악도 멈췄다.

RESTAURANTE
Cielo Mar

#7

OPEN

쿠바는 남아메리카에서 처음으로 무상교육, 무상의료를 도입한 나라가 되었다.

교실 문이 열려 있었다.

자전거에서 내려 한 걸음씩 다가갔다.

어린 학생들이 웃으며 들어오라고 손짓했다.

잠깐의 망설임을 뒤로 하고 교실로 들어갔다.

어쩌다보니 교탁에 섰다.

떨리는 목소리로 30초 자기소개를 했다.

아무 말도 아닌데, 모두가 웃었다.

#8

내 이름은 린다

교실에서 만났던 친구를 길목에서 또 다시 만났다.
이름이 뭐냐고 물어보니, 린다(Linda)라고 했다.
린다는 스페인어로 '예쁘다'는 뜻이다.
그래서

Hola, Linda(안녕, 린다)

라고 반갑게 인사를 건넸다.
아이들이 너무 예쁘다.

9

OPEN GALLERY

혁명을 기점으로 영화, 연극, 음악 등 쿠바의 모든 예술의 문이 닫혔다.
예술은 실내 활동이 되었다.
쿠바는 문을 걸어 잠궜고, 혼자만의 세계로 빠져들었다.

ESCULTOR
Leo
¡VIVA CUBA LIBRE!

4 800 00 PS

#10
폐쇄성≠후진성

폐쇄성은 후진성의 동의어라고 생각했던 편견이 쿠바의 미술을 보고 깨졌다.

미국을 중심으로 한 현대미술은 뒤샹과 앤디워홀이라는 태풍을 만나면서 완전히 방향을 잃고 헤맸다. 레디메이드 작품이 나오고 소비사회의 대량생산품이 언제부턴가 버젓한 예술작품이 되었다. 작품보다 그것을 해석하는 권력이 더욱 중요해졌다. 난해한 해석이 더 복잡한 해석을 낳았다. 말이 방구가 되었다. 이게 무슨 말인지 아무도 몰랐다. 현대 예술작품은 스스로의 아우라를 잃고 자본으로 무장한 비평가와 미술관의 권위에 기대어 부유하고 있었다.

박물관을 제외한 대부분의 쿠바의 갤러리는 문을 활짝 열어놓았다. 고급스러운 대리석도 없고 은은한 조명도 점잖은 음악도 없어 남루하고 허름했다. 그렇지만 누구나 들어갈 수 있는 열린 공간이었다. 1층에 있는데다 문이 열려 있어 앞을 지나가면 그 안이 훤히 다 보였다. 공간 안에는 예술가들이 그림을 그리고 있었다. 누구나 걸어 다니다 그냥 들어가서 작품을 보고 말을 건내면 됐다. 사회주의 국가에서 자유는 부적절한 단어라는 편견이 깨졌다. 적어도 쿠바의 미술은 우리보다 자유로운 분위기에 있었다. 여기서는 해석과 그 해석을 떠받치는 권위, 자본과 그 자본을 꾸미는 갤러리가 없었다. 불필요했다. '모든 A는 B다'라는 식의 생각을 하지 않기로 했다.

사회주의 국가답게 많은 예술작품에서 국기가 등장한다. 하지만 그것이 거북하거나 폐쇄적으로 느껴지지 않았다. 이념과 권위가 묻어나지 않는 말랑말랑한 국기의 느낌이 좋았다.

☆

8

냉전의 중심국으로

REVOLUTION

소련군이 쿠바에 와서 자신들을 지켜주는 것 말고 쿠바가 미국과의 대립에서 살아남는 방법은 없었다. 피델은 체 게바라를 모스크바로 보냈다. 공식적으로는 무역체결을 위한 회담이었지만 사실 소련과 군사협정을 맺기 위함이었다. 미국은 이미 터키에 핵을 설치해 소련을 견제하고 있었고, 소련은 이 회담을 통해 미국을 견제할 핵미사일을 쿠바에 설치하고자 했다.

1962년 5월에 진행된 최고 수준의 비밀작전이었다. 차출된 소련군은 털 부츠와 장갑을 챙기고 시베리아행 군함을 탔다. 그러나 핵탄두를 실은 배는 정반대 방향, 열대의 섬 쿠바로 향했다. 미국의 순찰기가 쿠바를 향해가는 군함을 봤지만, 그 안에 어떤 무기가 들어있는지 상상조차 하지 못했다. 긴 항해를 거쳐 배가 항구에 닿았다. 털 부츠와 스키를 맨 소련의 군사들이 열대 섬, 쿠바에 내렸다. 당황할 겨를도 없이 그들은 쿠바에 36개의 핵탄두를 설치하느라 분주했다. 그들이 비밀리에 쿠바에 핵 미사일을 설치하고 있을 때, 피델은 북아프리카로 건너갔다. 그곳에서 알제리 대통령과 비핵화의 필요성에 대해 목 놓아 연설했다. 피델은 포커페이스로 아무렇지도 않게 판을 키우는 도박꾼이자 표정 하나 몸동작 하나까지 연출해내는 배우였다. 그때까지도 미국은 쿠바에서 벌어지는 일을 전혀 몰랐다.

미사일이 형태를 갖추고 나서야 미국의 인공위성에 잡혔다. 케네디는 쿠바에 핵미사일이 배치되었음을 공식 발표했다. 미국과 쿠바 모두 놀랐다. 아무도 몰랐다. 취임 후 가장 힘든 결정이 케네디 앞에 놓였다. 세계 종말에 다가서는 핵전쟁이 가시권이었다. 보수 정치인들은 연일 즉시 쿠바를 공격해야만 한다고 선전했다.

미국은 우선 쿠바로 가는 모든 해상무역을 봉쇄했고 소련군은 이를 무시하라는 명령을 내렸다. 쿠바로 향하는 소련의 상선을 미국의 전투기가 제지했다. 소련군은 즉각 미군의 전투기를 격추시켰다. 전쟁이 선명하게 다가왔다. 누가 먼저 선전포고를 하느냐의 문제만 남았다. 세 번째 세계대전은 유럽이 아닌 캐러비안에서 펼쳐질 듯 했다.

그때 막후에서 미국과 소련의 외교관들이 분주히 움직였다. 미사일 버튼을 누르기 직전에 극적으로 외교적 타협이 이루어졌다. 소련이 쿠바에서 핵미사일을 철수했고, 동시에 미국도 터키에서 물러났다. 이 과정에서 철저히 배제된 피델은 분노했다. 소련을 배신자로, 미국을 겁쟁이로 불렀다. 피델을 달래기 위해 소련은 막대한 규모의 경제적 지원과 군사적 원조를 약속했다. 이번에는 피델은 만족했지만 체 게바라는 그 타협을 받아드리지 못했다. 체 게바라는 모든 공식 석상에서 소련의 비겁함을 비판했다. 영원할 것만 같던 둘의 사이가 멀어져갔다. 같은 혁명을 꿈꿨고 쿠바 혁명을 이뤄냈지만, 이제 둘은 서로 다른 혁명을 꿈꾸기 시작했다. 가야할 길이 달랐다. 길었던 하나의 길이 두 갈래로 나뉘었다.

2

영원한 혁명가

피델은 소련을 방문해 극진한 대접을 받았다.

이번엔 체 게바라가 소련을 방문했다.

그는 피델과 달랐다.

쿠바에서 미사일을 철수한 소련의 행동에 유감을 거침없이 드러냈다.

모든 남아메리카에서 제국주의 세력을 몰아낼 기회였는데

소련이 중요한 순간에 겁쟁이처럼 발을 뺐다고 생각했다.

쿠바로 돌아와서 체는 피델과 기나긴 면담을 가졌다.

대화가 끝난 뒤, 체 게바라는 더 이상 쿠바의 장관도, 피델의 동지도 아니었다.

다시 고독한 혁명가가 되었다. 아마 피델은 현실 정치를 이야기 했을 것이고,

체는 피델에게 처음에 품었던 이상을 울부짖었을 것이다.

체 게바라가 사라졌다.

아무도 그의 행방을 몰랐다.

☆

Revolu

#3
영원한 친구

모습을 감췄던 체 게바라가 다시 등장한 건 아프리카에서였다.

그는 콩고 내전에 혁명군으로 참전해 제2, 제3의 베트남을 꿈꿨다.

쿠바혁명 때와 동일한 방식으로 게릴라전을 펼쳤으나 이번에는 승리하지 못했다.

CIA는 체 게바라가 그곳에서 죽었다고 판단했지만

그는 심한 부상을 입었을 뿐 살아 있었다.

그리고 혁명이 필요한 다음 국가인 볼리비아로 떠났다.

그곳에서 그는 게릴라전을 벌이던 중 정부군에 생포되었다.

생존소식을 알게 된 CIA는 피델과 사이가 벌어진

그 틈을 노려 정보를 빼내려고 했지만 실패했고, 체 게바라는 볼리비아에서 처형되었다.

그리고 그는 쿠바를 넘어서 전 세계 좌파의 순교자이자 신화가 되었다.

만일 당신이 세상에서 불의가 저질러질 때마다 분노에 떨 수 있다면,
우리는 친구가 될 수 있다.

— 체 게바라

4

영원한 게릴라를 위한 미사

볼리비아, 1967년 10월 9일 낮 1시.

내 나라는 훨씬 크다. 아메리카가 내 나라이다라는 말을 남긴 체 게베라가 총살당했다.

하비에르 아루아가 신부는 체를 위한 미사를 남겼다.

"체와 함께 살고 있을 때, 나는 그에게 신이 존재하지 않는다는 믿음을 버리라고 설득하려 했습니다. 그러나 그러지 못했습니다. 그때는 쿠바 혁명이 승리를 거둔 직후였고, 그때 내 역할은 사형 선고를 받은 사람들의 고해 성사를 듣는 것이었습니다. 게베라는 늘 펜이 칼보다 강할지 몰라도 칼은 승리를 가져오기 때문에 사회 혁명에는 무기를 쓸 필요가 있다고 말했습니다. 그러나 사람들이 흔히 생각하는 것처럼 체가 마르크스나 엥겔스, 레닌의 책만 읽은 것은 아닙니다. 그는 교황이 성직자들에게 보내는 회칙도 읽고 공부했습니다. 그러나 뻔한 이야기지만, 그가 지칠 줄 모르고 말한 것처럼. 설교와 선의만으로는 민중을 해방시킬 수 없지요."

볼리비아 정부는 게바라를 총살하고 나서도 그의 죽음이 가져올 파급이 두려웠다. 그래서 총살 즉시 화장했다고 공표한다. 그러나 1995년, 전기 작가 존 리 앤더슨이 체 게바라의 지인들을 인터뷰 하던 중 그가 화장되지 않았음을 알게 된다. 이후 쿠바의 고고학자들과 의학자들이 유해발굴을 시작했고 2년 만에 체의 유해를 볼리비아의 한 묘지에서 찾아냈다.

약 30년 만에 체 게바라는 주검이 되어 쿠바로 돌아왔고 피델과 라울이 혁명 당시의 복장 그대로로 옛 친구를 맞이했다. 1997년 10월 13일, 아바나 혁명 광장에서 열린 추도식에는 못다했던 체의 마지막을 함께하고자 하는 사람들이 세계 각국에서 참석했다.

지금은 쿠바 혁명 마지막 전투 장소이자, 체 게바라가 점령한 도시 산타 클라라 광장 영묘에 안치되어있다.

☆

#5

영원한 아버지

나는 아버지에 대한 기억이 별로 없습니다.

…

아마 가장 아름다운 기억은 아버지가 우리를 마지막으로 보았던 날의 기억일 것입니다.

우리는 아버지를 알아보지 못했습니다. 아버지가 늙은 라몬으로 변장을 하고 있었으니까요.

난 그때 태어난지 다섯 해 밖에 안 된 꼬마였습니다.

내가 테이블에 머리를 꽝 부딪히자 아버지가 얼른 날 안았습니다.

…

그래서 어머니에게 말했지요.

'엄마, 비밀이 있는데, 아마도 저 아저씨가 날 사랑하나 봐.'

— 알레이다 게바라, 아버지에 대해 말하면서

#6

미국과의 작별

미국의 무역금지 조치 이후 쿠바에는 많은 변화가 찾아왔다.

거리에 차가 줄었다. 사람들은 낡은 자동차를 고쳐 쓰거나 자전거를 탔다.

자본주의의 심장 옆에서 쿠바는 고립되기 시작했다.

공산주의의 가장 심플한 정의 : '동네 샌드위치 가게에도 존재하는 국가주의'

☆

CUBA P 093 599

7

소련과의 만남

피델의 쿠바는 소련으로부터 많은 경제적, 문화적 지원을 받았다. 미국의 금수조치 속에서 살아남는 방법은 그게 유일했다. 형제의 나라로부터 진 빚을 갚기 위해 피델은 사탕수수만이 대량으로 재배해 전 공산주의 국가에 값싸게 공급하고자 했다. 사탕수수는 쿠바가 가진 유일한 가치 있는 물적 자원이었다.

1969년, 모든 쿠바의 사람들이 사탕수수 경작에 투입되었다. 피델이 사탕수수를 벴다. 그러자 장관들조차 사탕수수 농장에서 만나 회의를 했다. 덕분에 역대 최고 생산량을 경신했고 빚을 탕감받았다. 하지만 그러는 동안 사탕수수 재배를 제외한 다른 모든 산업이 멈췄다. 교실과 공장이 텅 비었다. 피델은 번 돈의 대부분을 군비를 늘리는데 사용했고, 남은 돈으로는 무상교육, 무상의료의 인프라를 구축하는데 사용했다. 덕분에 쿠바는 남아메리카 국가 중 손꼽히는 군사력과 최초의 무상교육, 무상의료 시스템을 구축한 나라가 되었다.

542

#8
소비에트 연방국과 같은 버스를 타다

다른 변화들

결국 자본주의와 사회주의의 궁극적 지향점은 같다. 최고의 효율로, 최대의 생산을 달성하는 것이다. 둘 다 생산성을 이야기한다. 다만 차이가 있다면 자본주의는 그 과정을 개인들의 자유로운 사적 이윤추구에 맡기는 반면에 사회주의는 국가의 철저한 계획에 맡긴다는 거다. 그렇기 때문에 자본주의보다 사회주의 국가에서는 그 철저함을 계획할 엘리트와 그들을 이끌 초월적 영웅이 필요하게 된다.

이런 구조에서 사회주의가 마주 할 필연적 운명은 '부패'다. 집중된 권력은 부패를 낳는다. 자본주의에서의 부패는 집단 단위지만, 사회주의에서의 부패는 국가 단위로 범위와 파급효과가 훨씬 크다. 동독과 소련, 그리고 쿠바 바티스타 정부도 부패가 쌓여 스스로 무너졌다. 오늘날의 쿠바 역시 그 기로에 놓여있다.

쿠바에서는 '보테야'라고 불리는 족벌주의가 있다. 친구나 친지에게 특혜나 지위를 주면 나중에 보답한다는 뜻이다. 쿠바에서는 줄을 서는 게 의미가 없다. 근처에 엉성하게 모여 있으면 마지막에 온 사람이 물어봐야 한다.

¿El último? (마지막 사람 누구야?)

그럼 마지막 사람이 대답하고 나는 그 사람 다음이 된다. 순서가 투명하지 않고 줄을 서지 않기 때문에 늦게 오더라도 지인이 있으면 아무데나 껴든다. 이런 반칙이 사회 곳곳에 만연하다.

'치보'는 가짜 행정직을 만드는 일을 말한다. 아무 일도 안 해도 그냥 월급이 나온다. 쿠바에서는 바텐더도 슈퍼마켓 캐셔도 모두 공무원이다. 다른 일을 하지만 전부가 비슷한 월급을 받는다. 힘든 일과 쉬운 일이 같고 바쁨과 한가함이 같았다. 문제는 사회가 부패할수록 아무것도 하지 않는 일자리가 늘어나 전체의 효율을 떨어뜨리는 데 있다.

1+1

배급제가 시작되었다. 쿠바의 식량문제는 소련의 붕괴와 함께 걷잡을 수 없이 심각해졌다. 가구당 하루에 빵 1개를 받지만 그마저도 밀가루가 부족해 각종 자투리를 섞어 만든, 제대로 된 빵이 아니다.

슈퍼에는 재고가 있어도 그 날 계획된 수량을 초과하면 구매가 불가능했다. 그래서 사람들은 가게 문을 열기 전부터 줄을 서서 일찌감치 물건을 사간다. 할인과 덤, 증정행사는 이곳에 존재하지 않는다. 물건을 더 산다고 해도 어떠한 혜택도 돌아가지 않는 지구상에 얼마 남지 않은 신기한 곳이다. 대량구매를 해도 할인이 없다. 사치품의 경우 오히려 다른 사람의 몫을 빼앗아 간다고 보기 때문에 추가 비용을 받기도 한다. 아무도 물건을 사라고 강요하지 않는다. 광고도 판촉행사도 없다. 그저 필요한 물건만 조용히 사가면 된다. 이러한 최소한의 물질주의는 소비사회에서 온 나같은 이방인들에게는 신기하기만 하다.

꽃을 든 남자

쿠바를 여행하면서 가장 잘했다고 생각하는 일 중 하나가 자전거를 빌린 일이다.

낯선 골목골목, 말레꼰의 끝과 끝을 오가며 다채로운 풍경들과 다양한 사람들을 만났다. 아마 걷거나 택시를 타서 돌아다녔으면 놓쳤을 장면들이 수두룩했을거다. 피부는 시커멓게 탔고 몸은 힘들었지만, 덕분에 현지인들로부터 관심을 받았고 친해졌다. 자전거 바퀴 덕분에 진짜 쿠바를 느꼈다.

하비에르는 틈만 나면 내 자전거를 노렸다. 쉴 새 없이 바꿔 타자고 꼬신다. 하비에르의 영업용 자전거는 중요한 밥벌이 수단이다. 그는 일이 없는 날이면 아침 일찍 자전거에 꽃을 한가득 싣고 골목을 돌아다닌다. 꽃의 종류는 적어도 제법 구색을 갖췄다. 주로 쿠바의 부유한 젊은 커플이나 레스토랑 주인들, 그리고 유럽의 관광객들이 사간다고 한다.

#12
¡Hola!

자전거를 타고 말레꼰을 몇 번이나 달렸을까.
달리다 지겨워질 찰나, 또 다른 아미고를 만난다.

¡Hola, amigo! (안녕~!)

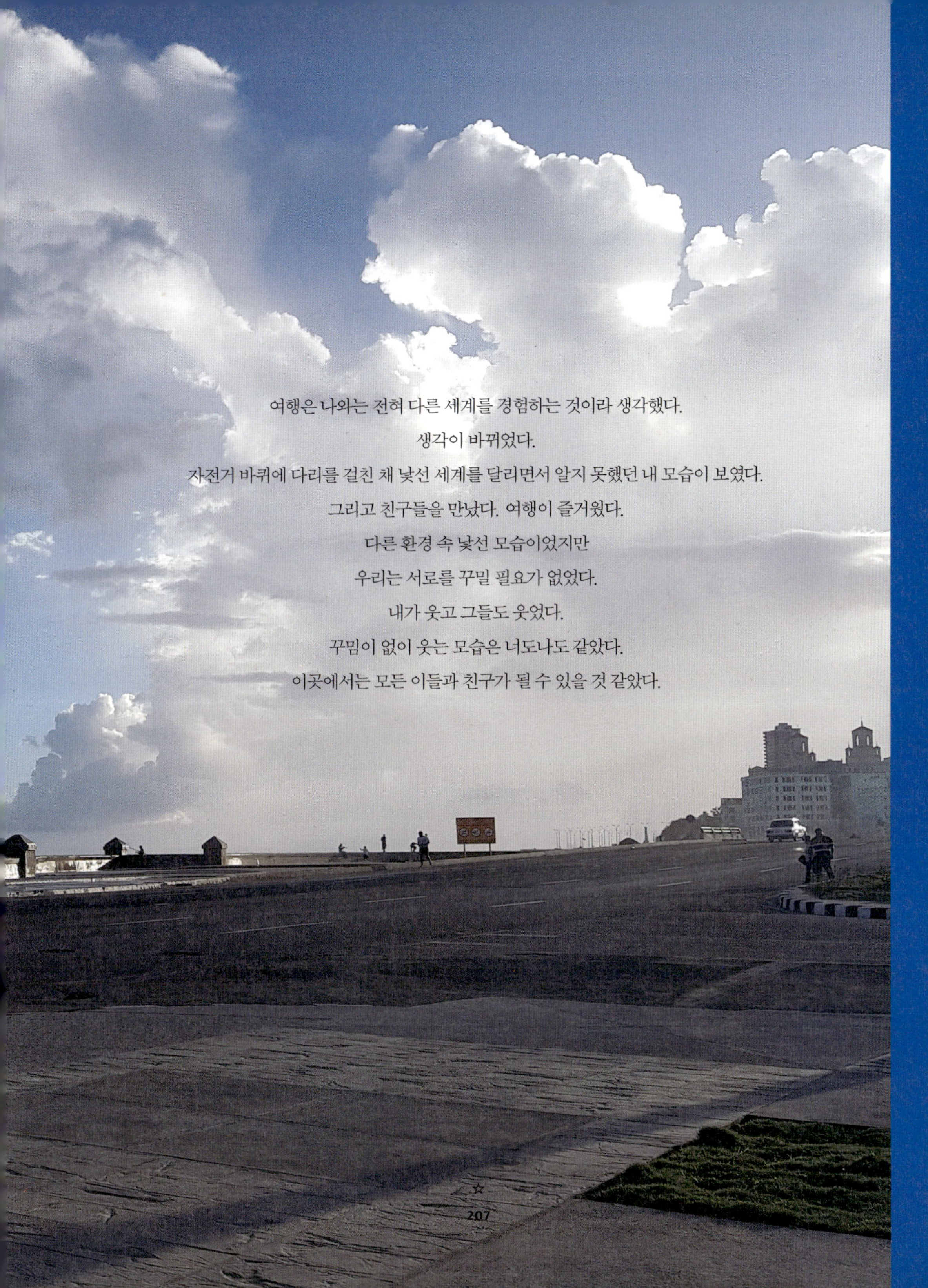

여행은 나와는 전혀 다른 세계를 경험하는 것이라 생각했다.

생각이 바뀌었다.

자전거 바퀴에 다리를 걸친 채 낯선 세계를 달리면서 알지 못했던 내 모습이 보였다.

그리고 친구들을 만났다. 여행이 즐거웠다.

다른 환경 속 낯선 모습이었지만

우리는 서로를 꾸밀 필요가 없었다.

내가 웃고 그들도 웃었다.

꾸밈이 없이 웃는 모습은 너도나도 같았다.

이곳에서는 모든 이들과 친구가 될 수 있을 것 같았다.

CHECK
ME
OUT

☆

13

같은 눈높이로 서로를 바라보는 일

• 아이의 첫 번째 친구 •

같은 눈높이로 서로를 바라보는 일

• 아이들 •

☆

211

☆

AFTER THAT

그후

Coca-Cola Cuba;

POR CUBA, CON FIDEL
REVOLUCIÓN
COMITE PROVINCIAL DEL PARTIDO
SEGUR
VIC
CAMILO: Señor
Farmacia

9

힘든 시기
(1991~1999)

★

AFTER THAT

좋게 말해 평화의 시대

1980년대부터 쿠바는 경제적으로 힘들어졌고 1990년에 접어들며 위기가 폭발했다. 굳건했던 소비에트 연방에 균열이 가자 무조건 퍼주던 원조가 끊겼다. 더 이상 아무도 쿠바를 동정하지 않았다. 이념 이데올로기가 끝났다. 여기저기서 공급 문제가 터져 나왔다. 전기가 끊겼고 식료품 배급도 원활하지 않았다. 쿠바혁명 이후의 젊은 세대들은 배고픈 이곳을 떠나기만을 원했다. 미국이든 유럽이든 간에 쿠바만 아니면 상관없었다. 젊은 세대들의 꿈과 피델의 꿈은 같지 않았다. 떠나려는 자와 막으려는 자의 싸움이 시작되었다. 그러던 중 쿠바 내 페루 대사관을 버스로 밀고 들어가 망명을 요구하는 사건이 터진다. 당시의 분위기를 보여주는 상징적인 사건이었다. 페루는 망명자들을 쿠바로 송환하지 않을 것임을 공표했다. 발표와 동시에 1만 명이 넘는 사람들이 페루 대사관 마당으로 쏟아져 들어갔다. 대사관 밖 사람들은 그들을 배신자라 불렀다. 분위기가 걷잡을 수 없이 난폭해졌다. 떠나려는 자와 남는 자들의 싸움이 시작되었다. 떠나려는 자의 일부는 뗏목과 보트로 캐러비안의 거친 파도를 넘어서려 했다. 목숨을 건 탈출이었다. 쿠바 앞 바다에 많은 시체가 떠다녔다.

상황을 파악한 피델은 전략을 바꿨다. 떠나는 자들을 잡지 않고 풀어주었다. 그리고 떠나고 싶은 사람은 하루 빨리 쿠바를 떠나라고 독려했다. 그렇지만 그도 자신의 딸마저 몰래 미국으로 건너갈 줄은 몰랐을 거다. 망명길을 선택한 사람들이 항구에 운집했다. 피델은 감옥과 정신병원에 있던 수감자를 망명자 속에 무작위로 집어넣어 보냈다. 골칫거리들을 한방에 처리했다. 마이애미로 떠난 13만 명의 망명자 중 2만 명이 이들과 같은 문제아였다. 엄청난 수의 쿠바인 유입으로 플로리다주의 실업률이 치솟았다. 쿠바 출신의 범죄자들이 미국 내 각종 범죄에 가담했다. 미국이 쿠바 난민을 더 이상 받지 않기 시작했다. 피델은 이렇게 스위치 밸브를 쥐고 펴듯 내부의 수질을 관리했다. 그가 체제를 유지하는 방식이었다.

☆

CAFE
TABERN
Tradicionales
de Ayer, Hoy y Siempre
el Conjunto Roberto Faz
sus invitados en su
60 Aniversario

2

그가 열망하는 세계

피델이 평생 추구한 것은 돈이 아니었다.

그런 점에서 그는 다른 독재자들과는 달랐다.

대신 그가 갈망했던 것은 무한한 과시욕이었다.

그는 세상의 중심에 서 있다는 만족감으로 살아왔다.

군림하고 지배하기를 즐긴 과대망상증 환자였다.

피델은 권력을 위해서라면 누구라도 죽였다.

라울 카스트로를 제외하고

쿠바 혁명에 가담했던 모든 이가 사형대에 오르거나 의문사를 당했다.

공포감이 사람들 마음속에 싹텄다.

어떠한 희생에도 부여잡은 권력을 손에 놓지 않았다.

그런 점에서 그는 다른 독재자들과 다를 바가 없었다.

☆
224

한 가족 안에서도 쿠바를 '떠나려는 자'와 '남으려는 자'로 나뉘었다.

모두에게 힘든 선택이었다. 그렇지만 떠나려는 사람을 남는 사람이 붙잡지 못했다.

☆

황폐화된 도시

무너진 건물 사이로 사람들의 얼굴이 보인다.
수도 아바나는 쿠바에서도 가장 건물이 낙후된 곳이다.
돈이 없어 노후한 건물의 보수를 하지 못한다.
쓰레기마저도 시간을 잊은 채 방치되어 있다.
20세기 초반, 악취가 나는 돈으로 화려한 꽃을 피운 쿠바는 없었다.
쌓인 쓰레기 더미가 악취의 전부였다.

아이의 집

당연히 폐건물인 줄 알았던 곳에서 사진 속 어린이가 나왔다.

자세히 보니 현관 입구임을 알려주는 녹슨 철조망이 가냘프게 서있었다.

그 힘겨운 어둠 사이로 그들의 서식지가 보였다.

아이는 급히 나왔는지 자기 키만한 슬리퍼를 신었다.

엉금엉금. 어디론가 발걸음을 옮겼다.

그때 옆집에서 친구가 나왔다.

아이는 반가웠는지 슬리퍼를 벗고 뛰어갔다.

#6
폐허 그리고 노인과 바다

"인간은 파멸할 수는 있어도 패배하지는 않는다."
"희망을 버리는 건 쑥스러운 일이다. 더욱이 그것은 분명한 죄다."

— 『노인과 바다』 중에서

232

차마 하지 못한 말

말레꼰 북쪽 끝자락에서 한 소녀를 만났다.
플라스틱 가방 한가득 담겨있는 편지 더미를,
바다에 탈탈 털어냈다.
소중했던 누군가와 주고받았을 그것을,
이내 물에 흘려보냈다.
먹먹했다.
보기만 해도 가슴이 먹먹해서.
그랬기에
아무 말도 걸 수가 없었다.

10

변화의 시기
(2000~)

PART
10

AFTER THAT

#1
홀로서기

소비에트 연방이 붕괴하자 쿠바는 홀로서기를 해야만 했다. 그 과정에서 여태 경험하지 못한 경제위기와 망명 엑소더스가 뒤따랐다. 원조에 유지했던 사회 제반시설은 투자가 끊겼고 공장들이 문을 닫았다. 식료품이 부족해 나라 전체에 먹을 게 없었다. 공식 석상에서 피델은 쿠바에 변화는 필요 없다고 웃으며 애써 태연한척 이야기했지만 뒤에서는 분주했다. 존립을 건 개혁이 시작되었다.

피델은 개혁의 첫 번째로 봉쇄했던 관광산업을 재개했다. 문 닫았던 캐러비안의 호텔이 재개장 했다. 유럽과 캐나다 관광객을 유치하려는 계획은 그럴싸했지만, 이들에게 제공할 음식이 없었다. 그래서 미국 달러를 쿠바 제2의 통화로 하는 이중화폐 제도를 시행한다. 초강수였다. 그만큼 절실했다. 그러자 10년 전 떠났던 망명자들이 쿠바에 남겨진 가족들에게 달러를 송금했다. 담배와 설탕 수출액을 합친 것보다 많은 엄청난 돈이 쿠바에 흘러들었다. 쿠바를 떠난 사람들이 보낸 돈으로 쿠바가 먹고 살았다. 비극적인 아이러니였다. 그렇게 번 돈은 관광 인프라 구축에 투자됐다. 쿠바를 찾는 관광객이 해마다 증가했다.

다행히 쿠바를 찾는 관광객이 해마다 증가했지만, 경제가 성장하며 동시에 해결해야 할 숙제도 생겨났다. 실질임금의 악화와 이중화폐 시스템이 여러 부작용을 가져왔다. 쿠바 전체 임금은 그대로였지만, 물가만 상승했다. 자본주의 사회의 전형적인 모순이 이곳에서도 등장한 것이다. 이로서 피델이 꿈꿨던 평등한 사회주의 국가는 붕괴됐다. 해외의 가족으로부터 달러를 받은 쿠바인들은 쉽게 부자가 되었고 그렇지 못한 사람은 가난해졌다. 아무도 평등을 믿지 않게 되었다.

Pizzería

#2

쿠바노의 식탁

현지인 식사의 90%는 빵이다.
이곳에서 유제품이나 육류, 야채나 과일의 섭취는 거의 불가능하다.
단백질 보충 없이 탄수화물만 섭취하는 불균형한 식단 탓에
대다수의 현지인들이 복부 비만과 급속한 노화를 겪는다.
쿠바 성인의 비만율은 25%로 우리나라의 여섯 배가 넘는다.

800원 짜리 현지인 피자

테이크 아웃

맥주 IN 쿠바

멕시코에서 수입된 Coca-Cola

#3
쿠바 맥주

쿠바에서는 맥주 역시 외국인용과 로컬용으로 나뉜다. 차이는 역시 가격이다. 소비사회에서 온 외국인들에게 돈을 더 받기 위해 쿠바 정부는 각 맥주 구입에 사용되는 화폐를 구분해 놓았다. 위쪽의 맥주는 외국인들과 부유한 쿠바노들이 마시는 프리미엄 제품이고, 아래쪽이 현지인들을 위한 저렴한 맥주다.

'부카네로(Bucanero)', '크리스탈(Cristal)'이라 불리는 프리미엄 맥주들의 가격은 보통 1쿡(1달러) 정도로 관광객들이 자주 다니는 음식점이나 BAR에서 흔히 판매된다. 부카네로와 크리스탈 모두 라거 스타일의 맥주인데, 강렬한 붉은 색 배경에 해적 얼굴의 디자인이 된 탓인지 부카네로가 크리스탈보다 맛이 조금 더 진하다. 반면, 마야베(Mayabe)와 카시케(Cacique)는 쿠바노들의 국민 맥주 브랜드로 맛도 괜찮은데다 가격이 프리미엄 맥주의 절반 수준 밖에 하지 않는다.

2014년, 쿠바 정부가 두 맥주 브랜드 지분의 절반을 AB InBev(앤하이저부시 인베브)라는 글로벌 맥주회사에 양도하면서 전보다 국제적으로 표준화된 맛을 갖게 되었다. 기술지원과 국영기업의 수익성 창출을 위해 불가피한 선택으로 보이긴 하지만 씁쓸했다. AB InBev는 버드와이저, 호가든, 스텔라, 코로나와 같은 세계적 맥주는 물론 우리나라의 카스와 같은 다수의 로컬 브랜드 역시 가지고 있는 세계 1위 맥주 제조사다.

자전거에서 내려 말레꼰을 보며 맥주를 마시고 있는데, 언제나처럼 쿠바노들이 와서 말을 걸었다. 혼자서 마야베를 마시고 있는 동양인이 신기했던지 이것저것 질문이 날아왔다. 그들은 왜 내가 부카네로나 크리스탈 대신 마야베를 마시는지 궁금해 했다. 별게 다 궁금해 하는구나 하는 생각이 들었지만, 까사 주인이 마시길래 하나 달라고 해서 가져와 처음 마셔본다고 친절하게 답해줬다. 나는 그들에게 부카네로와 마야베 중 어떤 게 더 맛있냐고 물었다. 한 치의 망설임도 없이 의외의 대답이 돌아왔다.

Bucanero, seguro. (당연히 부카네로지.)

다들 입맛이 비슷비슷하다.

☆

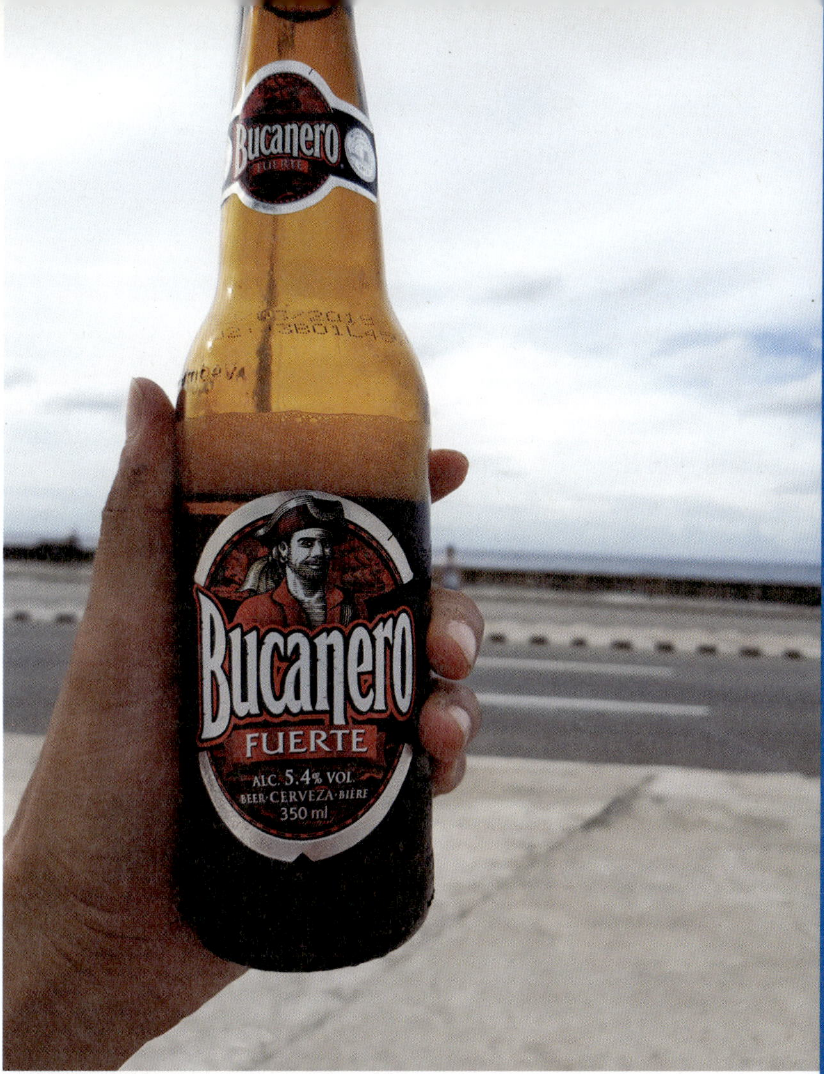
Bucanero
FUERTE
ALC. 5.4% VOL.
BEER·CERVEZA·BIERE
350 ml

Mayabe
CERVEZA CLARA
UNA CERVEZA CUBANA AUTÉNTICA

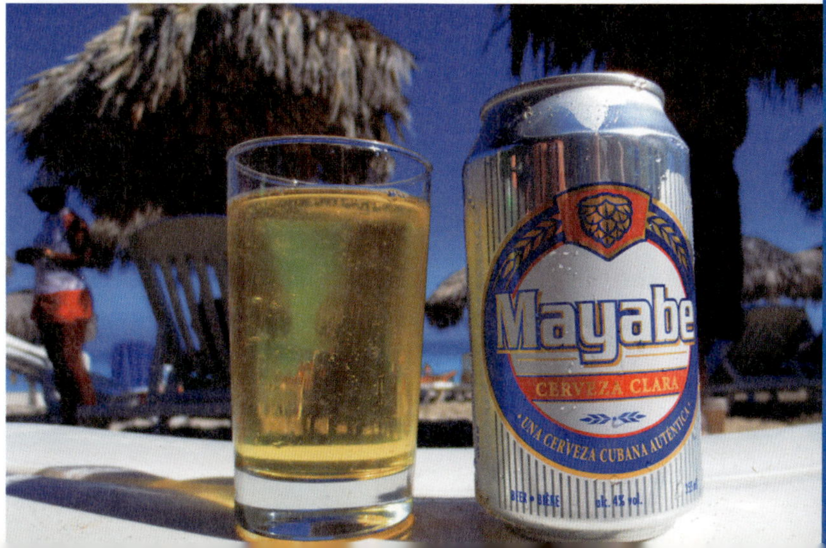

4

쿠바 칵테일

쿠바는 술의 천국이라 불릴만한 기후적, 지리적, 역사적 조건을 모두 갖췄다.

더할 나위 없이 완벽한 캐러비안의 해변과 열대의 날씨. 덕분에 쿠바에는 예전부터 다양한 국적의 바다 사람들이 한데 모였고 이들은 쿠바의 질 좋은 사탕수수로부터 즉석에서 증류되는 럼을 사랑했다. 럼은 곧 해적들의 술이 되어 세계 각국으로 퍼져나갔고, 쿠바는 스페인과 미국의 식민지 시대를 겪는 동안 그 다양성을 더해갔다. 그리고 1920년대 미국에서 금주법이 시행되었을 때 쿠바는 미국인들을 위한 술의 천국이 되었다.

쿠바 칵테일은 베이스로 럼(아바나 클룹)을 사용한다. 준비해 둔 얼음 잔에 더위를 날려버릴 신선한 각종 열대 재료들을 듬뿍 넣고 설탕 한 스푼을 그 위에 얹는다. 이제 거기다 잔이 넘칠 때까지 아바나 클룹을 콸콸 따라주면, 에메랄드 빛 캐러비안 해변이 통째로 담긴 진짜 쿠바 칵테일이 완성된다. 대표적 칵테일로는 쿠바를 상징하는 칵테일 '모히또(mojito)', 헤밍웨이가 사랑했던 '다이키리(daiquiri)'가 있다. 그리고 스페인으로부터의 독립을 기념하기 위해 만들어진 럼&코크 '쿠바 리브레(cuba libre)'와 파인애플에 코코넛 크림과 럼을 믹스한 트로피컬 칵테일의 상징 '피나 콜라다'(pina colada)도 있다.

그렇지만 쿠바 여행에서 가장 기억에 남는 칵테일은 호텔 나시오날에 있었다.

1930년 문을 연 이곳에서 쿠바 역사에 굵은 획을 그은 일들이 많았다. 바티스타가 정적들을 한데

모아 숙청하며 정권을 잡았고, 전 세계 마피아 보스들이 모여 이권 배분을 했다. 그리고 88년 만에 쿠바를 방문한 미국 대통령, 오바마가 묵었다. 그리고 나는 이 장소에서 예상치 못한 또 하나의 즐거움을 발견했다.

'Hotel Nacional special cocktail(호텔 나시오날 스페셜 칵테일)'

세계적인 호텔들은 대부분 자신들만의 시그니처 칵테일을 선보이는데, 이중 몇몇은 그 칵테일 자체로 유명세를 타게 되는 행운도 누린다. '싱가폴 슬링(Singapore Sling)'을 선보인 싱가폴의 '래플즈 호텔', '미모사(Mimosa)'를 만든 '호텔 리츠 파리' 그

리고 칵테일 '호텔 나시오날 스페셜(Hotel Nacional special)'로 마피아 보스들의 사랑을 받았던 쿠바의 호텔 나시오날이 그 경우다.

바텐더 Will P. Taylor가 1933년에 만든 이 칵테일은 다음과 같이 만든다.

목이 긴 잔에 3년산 아바나 클룹 투 샷과 파인애플 주스와 라임을 적당히 섞는다. 그리고 아프리코트(살구) 브랜디 샷 한잔을 따르고 그 위에 앙고스투라라고 불리는 중남미에서 생산되는 나무 향 액체 몇 방울을 톡톡 떨어뜨리면, 쿠바의 역사가 묻어나는 칵테일이 완성된다.

☆

#5

랑고스타

관광객들이 쿠바에서 가장 즐겨 찾는 식사는 단연코 랍스터다.
쿠바에서는 랍스터를 랑고스타라 부른다.
만 원 안쪽으로 한 마리를 먹을 수 있으니,
햄버거 세트 가격으로 랍스터를 먹는 셈이다.
유통시스템의 한계로 신선함이 떨어진 랍스터에
각종 소스와 향신료가 버무려진다.
최고급 관광객 식사지만 야채와 과일은 없다.

SOL
CERVEZA
ORIGINAL
MÉXICO
Havana
Club
Rinaldi
Pomodorini

#6
베네수엘라

2000년, 베네수엘라 정권을 잡은 우고 차베스는 피델을 남아메리카 혁명의 역사적 스승으로 생각했다.

그즈음, 베네수엘라를 먹여 살리는 석유가 연일 유가 최고치를 경신했고 쿠바에 새로운 희망이 찾아왔다. 피델에게 차베스는, 소련을 대신 할 새로운 구세주였다. 둘은 비슷한 점이 많았다. 차베스 역시 사회주의자였고 남아메리카에 미치는 미국의 간섭을 혐오하는 반미주의자였다. 그리고 둘 다 독재자였다.

피델은 미국과의 냉전을 통해 단련된 첩보기술을 총동원해 차베스가 정적을 제거하고 정권을 유지하는데 도움을 줬다. 거기다 베네수엘라에 쿠바의 뛰어난 의료기술을 보급하고 문맹 퇴치를 위한 캠페인을 지원했다. 의사와 교사를 비롯한 많은 쿠바의 엘리트들이 사회적 서비스라는 명목으로 베네수엘라에서 일을 했다. 그 대가로 쿠바는 엄청난 양의 석유를 베네수엘라로부터 무상으로 공급받았다. 쿠바는 석유의 절반은 소비했고 나머지는 국제시장에서 비싼 가격에 되팔았다. 덕분에 쿠바는 극심한 에너지난과 경제위기를 모두 버텨냈다.

7

의료의 천국

노인들의 천국, 쿠바.

세계에서 손꼽는 장수국가, 쿠바.

쿠바에서는 '가난하게 태어나서 부자로 죽는다'는 이야기가 있다.

노인들을 위한 나라가 있다면 이곳이 아닐까 싶을 만큼,

쿠바의 노인들은 여유와 행복, 즐거움이 넘친다.

쿠바는 요람에서 무덤까지 국민이

가족주치의 제도인 콘술토리오(Consultorio)에서

방문 진료와 예방 의료의 혜택을 무상으로 제공받는다.

의약품은 국영 약국에서 싼값에 판다.

의료 외교는 쿠바의 대외정책의 핵심이다.

혁명정부 초기부터 피델은 무상의 보편적 보건의료 제공을 국가의 의무로 규정했다.

쿠바는 없는 살림에서도 의료기술에 꾸준한 투자를 했다.

덕분에 쿠바는 오늘날 남아메리카에서

가장 뛰어난 의료 시스템을 보유하게 되었다.

매년 3만 명 이상의 의사와 보건전문가들이 세계 각지에서 의료봉사를 한다.

그 대가로 쿠바는 국제적 위신과 정치적 자본의 획득이라는 실리를 챙긴다.

미국의 입김이 강하게 작용하는 UN에서 행해지는

대 쿠바 경제봉쇄 표결에서 매번 부결이 나오는 데는 이 효과가 크다.

☆

FARMACIA Y DROGUERIA

☆

"단 한 명의 인간의 생명은
지구상에서 가장 부자인 사람의 전 재산보다 100만 배는 더 가치 있다."

"우리는 군인들이 지키던 요새를
배움에 목말라 하는 아이들을 위한 학교와
질병에 시달리는 모든 이를 위한 병원으로 바꿨다."

--- 체 게바라

쿠바의 면적은 우리나라와 거의 동일한 반면,

인구는 1,114만 명으로 우리나라의 20% 수준이다.

그러나 의사 수는 약 70,000명으로 우리나라(95,000명)와 큰 차이가 없다.

인구 천 명당 의사 수를 비교해보면 쿠바는 6명이고 우리나라는 1.6명 정도다.

물론 다수의 쿠바 의료인이 재해지원이나 제3세계 등의 해외에 파견되어

의료 외교활동을 하고 있는 점을 고려하면 차이는 조금 줄어든다.

그리고 세계에서 손꼽히는 우리나라의

의료정책과 시스템 역시 감안할 필요가 있다.

그럼에도 쿠바의 인구대비 의사 수는 세계 최고 수준이고

시스템 역시 촘촘하게 구축되어 있다.

아무리 교통과 시설이 낙후된 산골이더라도

의료진이 배치되어 있어 치료에 어려움이 없다.

실제로 쿠바의 모든 약국 주변은

마치 유명한 음식점인가 싶을 정도로 항상 사람들로 북적였다.

GDP 대비 의료비 지출 역시 쿠바는 없는 살림에서도 11%를

지출하며 OECD 회원국 평균인 9%보다 높게 집계되었다.

그 덕분에 쿠바의 기대수명은 79.7로 세계평균 72살 보다 훨씬 높게 나타난다.

절대적 인구 숫자가 적어 통계적으로 유리함을 감안하더라도,

이 숫자는 아메리카 전역에서도

캐나다(82.3), 코스타리카(79.8) 바로 다음인 3번째에 자리한다.

☆

경제적으로 번영한 주요 주변국 미국(78.6), 멕시코(77.1), 브라질(75.5)과 비교해도 오히려 높게 나타난다.

　　참고로 우리나라는 82, 일본은 83.9다.

　　(IndexMundi, 2017 통계자료)

"여러분이 우리나라를 방문하게 되면, 아마 가난한 상황에 놀랄 수도 있을 것입니다. 국민생활은 경제봉쇄 등으로 대단히 어렵습니다. 그렇지만 어디와 비교해도 뒤지지 않을 '재산'이 있습니다. 그것은 쿠바가 '인간중심의 사회'라는 것입니다. 쿠바는 어떠한 경우에도 국민에 대한 의료와 교육만큼은 무료로 제공해 왔습니다."

― 안토니오 페르난데스 쿠바 대사

8

쿠바의 교육

오늘날 쿠바의 GDP 대비 교육비 지출은 12.8%로 세계에서 가장 높다. OECD 국가 평균이 약 5%, 우리나라는 4.6%, 인근 중남미 국가 평균 역시 비슷한 수준임을 볼 때 12.8%라는 수치는 그야말로 압도적이다.

무상교육은 무상의료와 더불어 쿠바 혁명 때 피델이 내세웠던 또 하나의 약속이었다. 1953년, 쿠바 인구의 20%가 문맹이었고 교육 환경 역시 여느 중남미 국가보다 열악했다. 피델이 교육과 의료를 국가가 보장해줘야 할 의무라고 여긴 데에는, 의사 출신의 체 게바라의 영향이 크게 작용했다. 혁명 정부는 쿠바 전 지역에 교육 인프라를 갖추고 모든 국민이 초등교육을 받아 문맹률을 낮추는 사업을 대대적으로 진행한다. 우선적으로 각지에 흩어져 있던 100여개의 군사시설을 교육시설로 리모델링하고 모든 사교육 기관을 국유화한다.

덕분에 오늘날 쿠바의 문맹률은 1% 미만으로 중남미 국가는 물론, 세계에서도 가장 낮은 수준이다. 손꼽히는 중남미 국가인 멕시코와 브라질의 문맹률은 여전히 7%와 9% 수준이다.

대학 진학률 역시 매우 높아 실제로 거리에서 기념품을 파는 쿠바노들과 이야기를 하다보면 깜짝깜짝 놀라게 되는 경우가 종종 발생한다. 불과 몇 년 전까지 기자나 교사를 했던 사람들이 관광지에서 혁명의 아이콘 체 게바라 티셔츠를 팔거나 자전거 택시를 운전한다.

이유는 물론 '돈'이다. 국가에서 주는 월급으로는 이미 정상적인 생활이 불가능해졌기 때문에 그들은 달러를 벌기 위해 길거리로 나왔다.

아이러니다.

그럼에도 한편에서는 쿠바의 한 대학교 입학 시험 문제가 불법적으로 유출되어 시끄러웠다. 교육 공무원과 교사들이 시험지당 한 달 치 월급 수준인 60달러를 받고 학부모들에게 판매했다. 이것은 전형적으로 초기 자본주의 사회에서 등장하는 사건이다. 경제적으로 힘들었지만 모두가 비슷했던 2000년대 초반까지만 하더라도 상상할 수 없었던 일이다. 달러가 유통되면서 빈부격차가 벌어졌다. 피델이 내세웠던 평등한 교육은 이제 달러로 사고파는 상품으로 전락해 버렸다.

☆

MONCA

#9
만능의 달러

사회주의 국가, 쿠바에서 인기 있는 직업은 의사나 교수가 아닌 단연코 달러를 벌 수 있는 직종이다. 쿠바는 달러와 화폐가치가 같은 외국인 화폐 쿡CUC과 현지인 화폐 모네다CUP를 동시에 사용하는 이중화폐 구조다. 이 둘의 가치는 25배 가량 차이가 난다. 거기다 모든 수입제품과 기호품은 달러로만 구매 가능하기에 쿠바인들 사이에서 달러의 인기가 단연 높다.

식량이 배급되는 것과 마찬가지로 국가에서 주민들에게 최소한의 의복을 제공해주긴 하지만, 공급이 수요를 크게 밑돈다. 그러다보니 맨발로 돌아다니거나 가족 공용의 신발을 신고 다니는 아이들도 종종 보인다. 물론, 쿠바인들도 월급을 모아 시장에서 옷이나 신발 등을 구매할 수 있지만, 품질이 좋지 않고 그마저도 가격이 저렴하지 않다.

그럼에도 길을 가다보면 유명 브랜드의 옷과 신발을 착용한 현지인들을 어렵지 않게 찾아 볼 수 있다. 이게 어떻게 가능한 것일까?

답은 '달러'에 있다.

쿠바 내에서 달러를 버는 직종은 다른 직업군에 비해 훨씬 더 많은 수익을 올리는데다, 어떻게든 제품의 수입·수출과 연관이 있어 수입품을 접할 기회가 많아진다. 예를 들어, 멕시코로부터 수입된 코카콜라를 쿠바 전역에 유통하는 일을 하는 직원들에게는 매월 1상자의 수입 음료가 제공되는 식이다.

또한 쿠바 내에서 유통되는 대부분은 수입품은 정식 통관 절차를 거치지 않은 것들이다. 해외로 망명을 간 가족이나 지인이 의복을 포함한 다양한 공산품을 쿠바로 보내준다. 실제로 쿠바에서 보이는 대부분의 브랜드 제품들은 이렇게 들어오게 된다. 해외에 망명을 간 가족의 유무가 쿠바 내에서는 새로운 자본의 형태가 되었다.

11

Future

PART
11

AFTER THAT

WIN–WIN

2015년, 프란치스코 교황이 쿠바를 방문했다.

쿠바 국민의 대다수가 카톨릭으로 집계되지만, 사회주의 국가 쿠바에서 공식 종교는 없다.

쿠바인들은 '산테리아'라는 카톨릭과 아프리카 종교가 결합된 민속신앙을 믿는다.

아르헨티나 출신의 프란치스코 교황은 복잡하게 얽힌

쿠바와 미국의 외교관계를 풀 실마리를 마련했다. 미국과 쿠바 모두에게 변화가 필요했던 때였다.

오바마는 역사를 바꿀 절호의 기회를 놓치지 않았다.

미국의 새로운 이미지를 남아메리카와 세계 각지에 보여주고자 했다.

피델로부터 정권을 물려받은 라울 카스트로 역시 강렬한 그의 그늘에서 벗어나야만 했다.

미국과의 화해는 라울정권을 전 세계에 알릴 수 있는 이벤트였다.

2015년, 1959년 쿠바혁명 이후 처음으로 양국 간 정상회담이 열렸다.

56년이라는 긴 세월이 흐른 뒤였다.

☆

EMBASSY OF THE UNITED STATES OF AMERICA

2

새로운 쿠바를 위한 교황의 미사

"하느님의 자비는 한계가 없습니다.
만일 당신에게 종교나 신앙이 없다면, 스스로의 양심에 따라 살아가면 됩니다."

– 프란치스코 교황

2013년 3월부터 가톨릭의 226대 수장이 된 프란치스코 교황은 아르헨티나에서 태어난 최초의 신대륙 출신의 교황이다. 아르헨티나 출신인 체 게바라와 함께 부에노스 아이레스 대학교를 졸업했는데, 한 사람은 혁명가가 되어 총을 들었고 또 한 사람은 성직자가 되어 십자가를 들었다. 총과 십자가라는 서로 다른 삶의 도구를 들었지만, 두 삶의 궁극적 지향점은 결코 다르지 않았다.

혁명광장 건물 한 편에 철골로 만들어진 거대한 체 게바라 초상화 앞에 프란치스코 교황이 섰다. 교황은 취임 후부터 쿠바와 미국의 질긴 악연을 중재하기 위해 노력했다. 카스트로 형제와 오바마 미국 대통령에게 양국의 화해를 희망하는 편지를 보내고, 바티칸 교황청을 화해를 위한 협상의 장소로 제공했다.

쿠바와 미국은 그 답례로 55년 만인 2014년 12월 17일, 프란치스코 교황의 생일에 맞춰 국교정상화를 선언한다.

체 게바라의 대형 초상화 앞에선 교황은 다음과 같이 미사를 남겼다.

"우리는 이념이 아닌 사람을 돕는 것이므로 봉사와 헌신은 절대 이념적이지 않다."

사회주의 이념의 아이콘인 체 게바라 앞에서 교황은 주저 없이 과거 냉전시대의 이념을 넘어선 봉사와 헌신을 이야기했다. 새로운 시대가 열리고 있었다.

예수회 출신인 카스트로 형제는 비록 혁명 이후 무신론을 헌법에 규정하며 가톨릭과의 관계를 단절했지만, 교황의 이러한 움직임에 존경심을 아낌없이 드러냈다. 라울은 예전처럼 다시 가톨릭 신자로 돌아가는 것을 고려하고 있다고, 말했고 피델은 아픈 몸을 이끌고 그의 트레이드 마크가 된 아디다스 트레이닝복을 입고 교황을 맞이했다.

☆

#3

라울 카스트로

2016년, 피델 카스트로가 사망했다.

2008년, 동생 라울 카스트로에게 권력을 넘겨준 지 8년 만이다.

라울이 집권을 시작한 뒤 쿠바는 서서히 변화의 속도를 높여 나갔다.

피델의 그림자에 가려져 평생을 2인자로 지냈던 그에게 많은 물음이 따라다녔다.

라울에게는 피델 같은 강력한 카리스마는 없었다.

대신 그에게는 피델이 갖지 못한 냉철함이 있었다.

그는 이념에 매몰되지 않았다.

이념과 자존심으로 복잡하게 얽혀있던 실타래를 하나하나 풀어나가기 시작했다.

해야 할 숙제를 뒤로 미루지 않았다.

그가 떠맡은 가장 급한 숙제는 그동안 사회 곳곳에 만연한 비효율을 바로 잡는 것이었다.

그는 사회주의 역시 결국 자원을 최대한으로 수탈해 최고의 생산성을 이끌어낸다는 점에서
자본주의와 지향점이 같음을 인정했다.

☆

우선적으로 국가 수입원의 40% 이상을 지출하는 국방비 구조를 손봤다.

군수품 제작부터 유통까지 모든것을 국가가 관리하는 기존의 방식은

곳곳에서 부패가 만연했고 비효율적이었다.

핵심부분을 제외하고 대부분을 국영기업과 민간업체에 넘겼다.

그리고 기존 배급제의 현실적 한계를 직시하고 보완해 나갔다.

농산물 직거래 제도를 통해 막혀있던 개인 간 식량거래 규제를 풀었다.

또한 관광산업에서 자영업자 허가제를 도입해

택시, 숙박업, 레스토랑 등의 자영업자의 비율을 높이고 세수를 확보했다.

4

다음 혁명의 예고

오늘날 쿠바는 북한과 더불어 가장 폐쇄적인 인터넷 환경을 자랑하는 국가다. 이곳에서는 최고급 호텔 객실에서도 인터넷 접속이 불가능하다. 쿠바에서 인터넷을 사용하기 위해서는 국영 통신사에서 판매하는 1시간 단위의 와이파이(WiFi) 카드를 구매해 지정된 장소로 가서 접속해야만 한다.

사람들이 여기저기 모여 핸드폰을 보고 있다면 그곳이 와이파이존(Wifi Zone)이다. 그래서 매일 늦은 밤, 시내의 주요 공원에서는 어둠 속에서 인터넷을 하기 위해 사람들이 모여드는 진풍경이 연출된다.

3천 원에 1시간. 와이파이 카드는 대다수의 현지인들은 이용할 엄두조차 내지 못한다. 부담스러운 금액이다. 그럼에도 점점 더 많은 젊은이들이 스마트폰을 통해 와이파이에 접속한다. 10년 전까지만 하더라도 PC에서 인터넷 접속을 통제하는 일은 그다지 어렵지 않았다. 그러나 당시의 PC 세대와 지금의 환경은 너무나 다르다. 와이파이 기술의 발달과 스마트폰의 보편화는 완벽한 정보 통제를 불가능하게 만들었다. 이로 인해 쿠바 정부는 그간 사수해왔던 정보통제력을 상실했다. 이제 쿠바사회는 점점 더 빠르고 걷잡을 수 없이 변화해나갈 것이다. 스마트폰 혁명이 피델의 혁명을 무너뜨릴 날이 얼마 남지 않았다.

☆

EDIFICIO
LY23
301
LOS QUE NO TIENEN EL VALOR
DE SACRIFICARSE HAN DE TENER
AL MENOS EL PUDOR DE CALLAR
ANTE LOS QUE SE ACRIFICAN.
MARTI

#5
오늘

오늘날 젊은 쿠바인들의 삶을 가장 어렵게 만드는 것은 기본적인 의식주 문제의 해결과 점점 더 벌어지는 상대적 박탈감의 극복이다. 그리고 변화의 중점에서 역사를 살아나가야 한다는 중압감일지 모른다.

50년 전, 자본주의의 심장 미국에서 불과 140km 떨어진 작은 섬에 사회주의 전초기지가 세워졌다. 미국과의 대립을 통해 쿠바는 점점 더 고립되었고 북한과 함께 세계에서 손꼽히는 독특한 나라가 되었다. 미국을 이웃으로 둔 비극이다.

결과적으로 피델의 실험은 실패로 끝났다. 그가 꿈꿨던 사회가 오늘날의 쿠바가 아님은 분명하다. 피델이 외쳤던 평등은 벌어지는 빈부격차의 가속도를 이겨내지 못하고 무너졌다. 그리고 피델이 믿었던 사회 엘리트층은 무능력과 부패로 곪아 터졌다.

쿠바인들의 평균소득이 월 20만 원이다. 유통시장에서 식용유 한 병의 가격이 2천 원이 넘는다. 쿠바를 떠나는 날 만났던 택시기사 안드레도 최신 갤럭시 스마트폰을 쓰고 블루투스로 노래를 들었다. 말레꼰에서 만났던 대부분은 아예 핸드폰이 없었다. 시내 피자가게에서 다국적기업에서 일하는 도시여성 쏘냐와 친구를 만났다. 미국으로 유학까지 다녀온 쿠바의 젊은 엘리트였다. 짧은 이야기 속에 그들을 짓누르는 고민의 무게가 보였다. 함께 유학을 다녀온 친구들 사이에서도 정치적 의견이 갈렸다. 아바나 번화가의 불금은 홍대나 이태원 못지않게 화려한 반면, 한 블록 떨어진 곳부터는 전등조차 들어오지 않아 길바닥이 보이지 않았다. 변화의 바람이 불자, 사람들의 생각이 좌로 우로 나뉘어 흩날렸고, 빈부격차는 칼바람처럼 모두의 뼛속까지 차갑게 파고들었다.

그렇다고 피델의 실험이 우리에게 아무런 의미도 주지 못하는 것은 아니다. 왜냐하면 쿠바 사회주의의 실패가 곧 자본주의 승리의 동의어가 아니기 때문이다. 자본주의가 우리의 유토피아가 아님은 분명하다. 자본주의가 본격화된 지 아직 200년도 안됐지만, 벌써부터 손 쓸 수 없는 모순들이 불치병이 되어 사회 곳곳에 자리 잡았다.

현실성을 운운하며 자본주의를 유일한 정답으로 단정 짓는 독단은 독재보다 남루한 편협함이다. 문은 항상 열려 있어야 한다. 애초에 정답은 존재하지 않는다. 남들과 다른 방식으로 더 나은 세계를 꿈꿨던 쿠바의 노력은 그 자체로 존중받아야 한다.

☆

6

내일

쿠바 아이들에게 쿠바혁명, 피델 카스트로의 이야기를 하면 나오는 반응은 하나같이 '노잼'이라는 표정이다. FC바르셀로나와 레알마드리드의 축구 경기 '엘 클라시코'를 이야기할 때, 비욘세와 제이지의 신곡을 이야기할 때 아이들은 열광한다.

그들에게 혁명이니 정치니 하는 복잡한 문제는 다른 세상 이야기다. 관심 자체가 없다. 우리와 마찬가지다. 쿠바의 젊은 세대는 더 이상 혁명에 대해 관심이 없다. 애착도 향수도 없다. 각종 정보와 소비문화가 이들의 짧은 삶 속에 녹아들었고 정부는 통제력을 상실했다. 행복함을 측정하는 척도는 다르지만, 수단만 다를 뿐 우리 모두는 같은 것을 원한다.

2018년이 되면, 라울 카스트로는 정권을 이양하겠다고 공언했다. 미국에서는 오바마의 임기가 끝났고 트럼프 시대가 열렸다. 쿠바 내 미국대사관은 텅 비어 있었다. 최소한의 경비원만이 그 큰 건물을 힘겹게 지키고 있었다. 트럼프가 당선되면서 모든 대사관 직원들을 철수시켰다.

쿠바도 같은 방식으로 대응했다.

아바나에서 뉴욕을 가는 국제선 비행기를 탔다. 최신형 보잉 비행기에 스무 명 남짓한 승객이 탔다. 쿠바와 미국의 심장부를 잇는 항공편이 개시된 건 역사적 이벤트였지만, 2년 만에 노선 폐쇄 위기에 놓였다. 힘겹게 진행되었던 논의들이 다시 원점으로 돌아갔다. 김정은 시대가 개막한 북한도 쿠바와의 관계가 틀어졌다. 북한대사관에도 사람이 없었다. 의외였다. 게임의 룰이 변했다.

☆

☆

#7

나무처럼

길가에 서 있는 10월의 나무에서,
변화에 물들어가고 있는 쿠바의 모습이 보였다.

☆

쿠바, 모든 것이 진심이었던 그곳에
다시 간다면

오래된 기억이 안개 걷히듯 선명하게 떠올랐다. 스무살 무렵, 여행을 잘하고 싶던 적이 있었다. 여행에 대한 욕망이 커져갔을 때였다. 어떻게 어디를 가서 무엇을 보면 여행을 잘할 수 있을지. 다분히 주관적이지만 객관적인 물음에 대한 답이 필요했다. 그래서 알랭 드 보통의 『여행의 기술』이라는 책을 제목만 보고 집어 들었다. 반은 읽고 반은 그냥 넘겼다. 도통 이해가 되지 않았다. 결국 나는 『여행의 기술』이라는 책을 읽었음에도 여행에 관한 아무런 기술도 배우지 못했다.

그때 책으로 배우지 못했던 여행의 기술이 조금은 생긴 게 아닐까. 프란츠 카프카에게 좋은 책이란 꽁꽁 얼어붙은 바다를 깨는 도끼라고 한다면, 나에게 좋은 여행은 매일 똑같이 굴러가는 일상을 향한 외침이다. 여행은 영원히 지속되지 않는다. 낯선 땅을 누비며 자유를 탐닉하는 여행자도 결국에는, 일상으로 돌아가야 한다. 여행을 통해 굳어버린 일상을 말랑말랑하게 바꾸고 싶다는 마음이 들었다면 그 여행, 참 잘한 것 아닐까.

나는 쿠바에서 그런 빛났던 순간들을 맛봤다. 이를테면 다음번에 이곳에 왔을 때는 쿠바인들과 다분히 진솔하고 개인적인 이야기를 나눌 수 있도록 스페인어를 더 배워야겠다든지, 이곳에서 느낀 감정을 오롯이 담아낼 수 있도록 기록하고 메모하는 습관을 길러야겠다든지 하는 것들이다.

☆

여행을 마친 뒤 한국으로 돌아와 서둘러 스페인어를 배우고 쿠바를 공부하며 기록하기 시작했다. 그러면서 쿠바의 역사에 흥미가 생겼다. 아마 식민시대와 미군정시대, 그리고 해방과 투쟁의 길을 걸어온 쿠바의 역사와 우리의 역사가 닮아 있기 때문일 것이다. 비슷한 길을 걸어온 두 나라가 오늘날 이렇게 다른 모습을 가지게 된 데에는 1958년, 피델 카스트로의 쿠바혁명이 결정적이었다.

피델과 그의 혁명에 대한 세간의 평가는 여전히 엇갈린다. 그는 쿠바를 미국으로부터 해방한 독립 영웅으로 보아야 할까. 아니면 오늘날 최빈국 쿠바를 만들어낸 독재자로 보아야 할까. 오늘날 쿠바인들조차도 세대와 계층에 따라 의견의 차이가 크다. 세상은 좋고 나쁨, 옳고 그름으로 나눌 수 없는 무수한 것들로 이루어져 있다. 쿠바가 그렇고, 우리도 그러하다. 어느 것 하나 정답이 없는 세상에서 쿠바가 걸어온 자존의 길과 우리가 살아가는 방식이 무엇이 얼마나 다를까.

아메리카 유일의 사회주의 국가, 쿠바가 지나왔던 길에서 단순하면서도 보편적인 진리를 깨닫는다. 삶은 어디서든 아름답는 것을. 쿠바는 그 자체로 아름다웠다. 낭만을 잊지 않았기에, 여유를 간직했기에. 다음번에 쿠바를 가게 된다면 못다 한 이야기들을 나눌 수 있지 않을까.

☆

Coca-Cola
Cuba;

초판 1쇄 인쇄 2018년 5월 1일
초판 1쇄 발행 2018년 5월 8일

지은이   정용
발행인   김승호
펴낸곳   스노우폭스북스
편집인   서진

편집진행   한지연
SNS   박솔지
마케팅   김요형, 김정현

디자인   강희연
제작   김경호

주소   경기도 파주시 문발로 165, 3F
대표번호   031-927-9965
팩스   070-7589-0721
전자우편   edit@sfbooks.co.kr
출판신고   2015년 8월 7일 제406-2015-000159

ISBN 979-11-88331-27-7 13980
값 17,000원